刘继锐 著

影像编辑实战教程

化腐朽为神奇的蒙太奇艺术

VIDEO EDITING

山东大学出版社

换个视角学剪辑（序一）

山东广播电视台台长　韩国强

变革与创新是媒体发展的永恒主题，内容生产始终是媒体竞争的重中之重。一个好的节目产品，对于一家电视台、一个频道的重要性是不言而喻的，这就是我们常说的“内容为王”。

对电视媒体人而言，需要两项基本功，一是镜头的拍摄，二是镜头的剪辑，两者同等重要。《影像编辑实战教程》定位实战，立足案例，以镜头为基本单位和研究主体，围绕创作深入剖析，理论与实践相结合，讲解与案例相印证，语言通俗易懂，版式图文并茂，以轻松活泼的表述方式为读者展示影像创作的美妙历程，在欣赏和解读之间，完成影像编辑的综合性学习。

不同于常见的教科书，该书按照影像创作顺序组织图书架构，抽丝剥茧，体例新颖。先讲镜头剪辑的章法，再讲段落法和词法，最后讲声音编辑，是一部实用的影像编辑宝典。

该书作者刘继锐是我台品牌创意中心战略研究部主任，长期活跃在电视创作生产一线，资历丰富。进台前，当过六年大学老师；进台后，当过编辑、记者、制片人，主创作过多部获奖节目，实践经验丰富。书中所选的一百多个案例，既有经典电影、纪录片，又有作者亲历的优秀作品，知行合一，可观可学。

“宝剑锋从磨砺出，梅花香自苦寒来。”该书作者利用业余时间，十年磨一剑。字里行间，饱含着对电视事业的钟爱，对影像创作理论的孜孜以求，其治学态度可嘉，其业务成就也得到业界认可，多次应国家教育部、中国人民大学、山东大学、山东艺术学院等单位邀请讲学。

期待这本凝聚着作者汗水和智慧的新书，能给读者打开一扇学习影像编辑的新窗口，能为影像艺术殿堂再添一块坚实的砖瓦。

换个视角学剪辑，开卷有益。

2014年5月7日

百炼钢而成绕指柔（序二）

曲阜师范大学党委副书记 教授 硕士生导师 刘新生

《影像编辑实战教程》，是刘继锐先生积电视工作二十多年之经验，奋“十年磨一剑”之气概，于实践中总结、凝炼出来的精彩之作，其中既包含着“躬行”的勤奋和汗水，也闪烁着理性和灵动的智慧之光。

《影像编辑实战教程》的意义在于它是一部体例新颖、逻辑严密、论述精到的理论著作。著作“侧重于电视节目制作环节编辑的理论建构，旨在将动态或静止的画面及声音，按照规律组接，形成完整的作品”。作者紧紧围绕这一主题，在影像编辑概念界定的基础上，具体对影像编辑的章法，影像编辑的段落法，影像编辑的词法——时间关系、空间关系，影像的声音编辑进行了系统论述。从学理的角度分析、判断、概括、定位，完成了独到的学术理解和建树。

《影像编辑实战教程》的价值在于它的“实战”指导。著作对影像编辑进行了系统的阐述，最具特色的地方，是从影视语言学的角度，架构影像编辑的理论框架。从章法讲到段落法，再从段落法讲到词法。以词法为例，分别从时间关系和空间关系两个层面，仔细解剖镜头组接规律，简单明了，易学易用。另外，该书在理论建设、引领的基础上，重视让实例说话，选用了大量的视频案例，通过轻松活泼的拉片式图解，将抽象的理论形象化、生动化，彰显着作者浓厚思辨色彩和形象思维的能力，从而使著作具有极其实用的影像编辑教材的功能。

《影像编辑实战教程》是一部包含着思辨思维与实践创新的力作。刘继锐先生作为一名理论家，有着深厚的理论功力；作为一名电视工作者，又有着丰富的实践经验。理论的自觉与实践的娴熟使他在抽象与形象之间游刃有余——他能够于宏观高瞻远瞩，于微观明察秋毫；以抽象指导形象的深度，以形象揭示抽象的内涵。体现出理论认识深度和美学表现高度的统一，具有“百炼钢而成绕指柔”的魅力。

伴随着信息传播技术的快速发展，影像在信息传播中的比重越来越大，所谓“有图有真相”，影像因直观、感性、生动，成为人们获取信息的首选介质，乃至影响着人们的生活习惯、审美观念和生存质量。该著作的出版，必将为人们解读影像艺术、提高审美水平、增强现代意识具有不可或缺的裨益。

我们坚信，刘继锐先生的《影像编辑实战教程》所包含的理论认知和实践感悟一定会为影视艺术的繁荣提供有益的滋养。

2014年5月17日

目录

第一章　影像编辑概述

第一节　影像编辑的任务

关于编辑有两个基本定义：一是作为制作环节的编辑，又称“剪辑”；一是作为职业角色的编辑。

作为制作环节的编辑是指：将自采与收集到的素材，按照一定的编辑规律和技巧串联成一个片子，这项工作就叫作“编辑”。在一些电影字幕中有“剪辑”这一角色，用英文表示是“Editor”，电影剪辑的主要任务是按照分镜头脚本和导演的意见，将拍摄完成的镜头组接起来，串联成一部完整的片子。其中，固然有创造性劳动，但更多地属技术层面的工作。

作为职业角色的编辑，是指在电视台工作的编辑，有的称“编导”，负责统筹主持、采访、拍摄、撰稿、剪辑、配音、音效合成、包装等各个环节，或者直接承担其中的部分工作，如策划、撰稿、配音、剪辑、摄像或者摄像指导等，是电视节目的制作人，类似于国外的“Producer”。

《影像编辑实战教程》侧重于讲解电视节目制作环节的编辑，也正是从这个角度，我们把影像编辑定义为：将动态或静止的画面及声音，按照一定的规律组接起来，并加入字幕、音效、特技等元素，构成一部完整的作品。

为了让大家对影像编辑有一个形象的了解，我们做一个简单的实验。

拍摄制作一个短片，片名《第一堂影像编辑课》，时长3分钟。

器材准备：专业摄像机或家用DV摄像机一台、照相机一部、非线性编辑机一台（为便于演示，可用手提电脑代替）。

首先，思考这个片子应该介绍哪些基本内容。

（1）在什么地方讲？（教室的环境）

（2）谁讲？（老师讲课的镜头）

（3）谁在听？（学生听课的镜头）

（4）讲的是什么？(黑板或屏幕的镜头)

其次，要根据内容思考怎样拍摄，设计好机位、景别、拍摄顺序等。实际上，这个思索的过程，已经体现出创作者的编辑理念了。

镜头设计：

（1）老师讲课的近景或特写。

大意为：同学们，大家好！从今天开始，我给大家讲授《影像编辑实战教程》这门课。什么是影像编辑？影像编辑的主要任务是什么？ 所谓“影像编辑”，就是将动态或静止的影像及声音，按照一定的规律组接起来，并加入字幕、音效、特技等元素，构成一个完整的作品。

（2）从讲台向下拍摄学生听课的小全景（约10秒）。

（3）一个或两个学生听课的特写或中景（约10秒），此为可选项。

（4）从教室后面拍摄课堂全景（约10秒）。

非线性编辑：

（1）使用苹果、大洋或其他编辑软件，新建故事版《第一堂影像编辑课》。

（2）将所拍素材输入电脑。

（3）将一段完整的讲课镜头拖到故事版上，并去掉没有意义的部分。

（4）在已经编辑好的部分，插入相关的画面。画面怎样组合呢？本节只演示，不展开讲，至于怎样编辑，有什么编辑规律，正是本书要解决的问题。

（5）同学们可能要问：老师为什么没有解说词？我们可试着加入解说，比如加入一个介绍老师的短片。

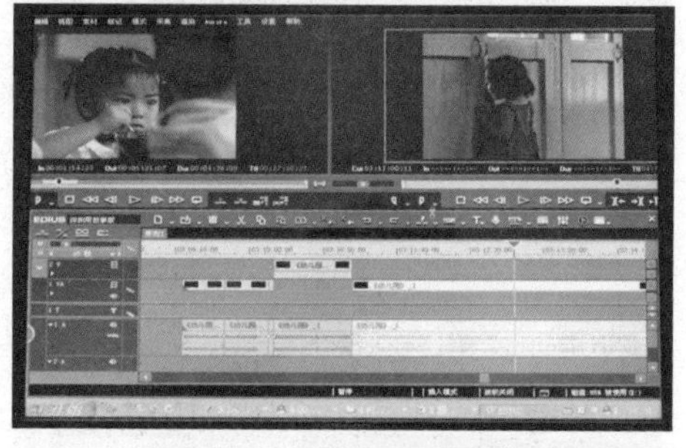

做一下演示，用三张照片制作一个人物简介(见右图)。

解说词：×××老师，从事电视事业××年，具有丰富的理论知识和实践经验。他的教学特点是：理论与实践相结合，着力培养实用型电视人才。

在这个片子里面，既有动态的视频（镜头），又有静态的照片；既有同期声，又有解说。我们还可以为片子配上音乐，加上字幕，如果再加上特技制作，节目的编辑形态就更完备了。

大家看，把拍摄的镜头以及静态的照片加以改造并组接起来，这就是影像编辑。

现在，还有一种编辑叫“即时编辑”，或者称“现场编辑”。这类编辑主要是指现场直播或录播时的切换编辑。直播或录播节目一般设几个、十几个乃至二十几个机位，由切换编辑或切换导演，按照节目总策划、总导演的意图，通过切换台，把现场拍摄到的视音频以及提前准备的视音频，切换成完整的节目，直接输送出去（直播）或输出至录像机（录播）。

1. 演播室全景

2. 播控中心全景

3. 播控中心小全景

4. 演播室小全景，主持人与嘉宾

5. 节目录制备份

6. 技术保障

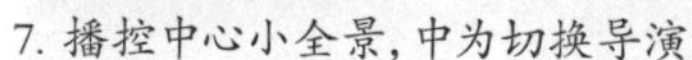

7. 播控中心小全景，中为切换导演

8. 技术保障

以上图片，展示了山东广播电视台农科频道《农科直播间》节目直播的场景。图片内容包括演播室、播控中心两个部分，基本反映了现场直播或录播的工作状态。

应该说，影像编辑工作入门容易，但提高需要付出艰苦的努力。这里边有很多诀窍，听完了这门课，同学们如能对影像编辑产生兴趣，并具备基本的编辑能力，授课的目的就达到了。

第二节 镜头——影像编辑的基本单位

上节，我们进行了短片《第一堂影像编辑课》的拍摄制作，大家对影像编辑有了基本的了解。对电影、电视剧或电视节目来说，镜头是最基本的单位，也是影像编辑最重要的概念。

镜头有两层意义：一是物理学意义，指摄像机或照相机上用的镜头（如图1所示）；一是影像创作意义上的镜头（如图2所示），指一段有画面与声音的影像。在前期摄制阶段，镜头是指从启动录制按钮到关闭录制按钮所拍摄到的一段包含画面与声音的影像，无论时间长短，都叫一个镜头。

图1

图2

在节目制作阶段，镜头是指从入点到出点之间的一段包含画面和声音的影像。应该说，镜头是影像作品摄录和制作过程中的最小单元。

摄录与制作阶段的镜头如图3所示，灰色部分为实际使用部分，是制作过程中从入点到出点之间的一个镜头。

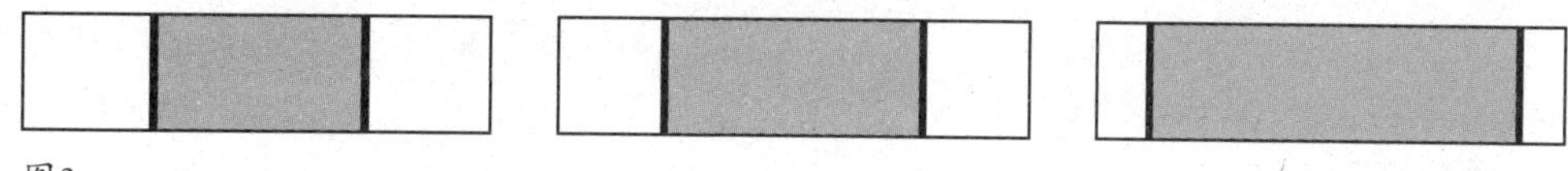

图3

就像文学离不开字词、音乐离不开音符、绘画离不开色彩一样，影视作品离不开镜头，镜头是影视创作的基本的单位。关于镜头，需要从以下三个方面理解：

一、镜头的基本构成

镜头由画面与声音构成。摄像机有两个声道：一个声道录制现场声；一个声道可外接话筒，录制需要的人声。

二、镜头的出入点选择及镜头长度

我们可以从摄录阶段的镜头中选取任一部分使用，不一定非得去头或者去尾。至于入点与出点的选择，要视情况而定。

以《第一堂影像编辑课》为例，讲解镜头的入点与出点。

镜头的长度与表达内容及节奏有关。

三、镜头的组接技巧

1.画面编辑

单镜头与多镜头的组合，镜头间的硬切、叠化、插入、特技转场等，以第一堂影像编辑课》为例进行讲解。

2.声音编辑

以《第一堂影像编辑课》为例，讲解镜头的声音编辑。

（1）声音的高低调整。可整体升降，也可分段调整。

（2）声画分离及重新组合。

（3）配音、配乐及音效合成。

《第一堂影像编辑课》的编辑非常简单，镜头组接脉络清晰。然而，这样的工作在非线性编辑机出现以前，却并不简单，那时候，电视人用对编机进行线性编辑，一台放像，一台录像。在线性编辑状态下，故事版的样子如图4所示：

镜头1	镜头2	镜头3	镜头4	删除部分	镜头5	镜头6

图4

如果要调整已编成的镜头长度，需要重新编辑。比如镜头4的调整，如果想去掉后半部分，必须从镜头5以后重新编；如果镜头后面已编成很多，只能把已经编成的部分录下来，导到放机中，再编到录机中去。由于当时使用氧化带，反复录制有可能导致磁迹斑驳，出现拉毛现象，所以相当麻烦。

如需要更换画面或声音，可使用插入的办法调整。比如镜头2，如果恰好在此位置上更换，则比较容易，可以单独插入声音，也可以单独插入画面，还可以同时插入声音和画面。如果不是在这个位置插入，则相对麻烦一点，需要调整出点和入点，当时间长度不够，影响剪辑节奏时，就需要重编。

当时的新闻或专题类节目的通常做法是：先配音，然后按照配音的节奏把画面剪辑进去，即使这样，也难免出错。在线性编辑状态下，要想精益求精，需要付出的代价太大了，因为每一次调整都意味着重编，只有经历过线性编辑的人，使用非线性编辑的时候，才会深切地感受到编辑的自由。

【小结】

《第一堂影像编辑课》的制作与演示，让我们了解了影像编辑的基本流程。剪辑是一项非常有趣味的劳动，可以化腐朽为神奇。在当代社会，学会影像编辑不仅是职业的需要，也是时尚生活的一部分。当我们旅游归来，当我们放歌归来，不妨将拍摄到的精彩瞬间编辑成影像片段，留作永久的记忆。

第三节　影像编辑的历史脉络

影像编辑是一个宽泛的概念，包括电影、电视等涉及影像的所有艺术门类，其历史可以追溯到100多年前。从单镜头电影到多镜头电影，从单线索剪辑到多线索交叉剪辑，从镜头单切到镜头叠化、再到特技转场，从镜头的原始形态呈现到变形、加速或减速播放，从单画面到多画面组合，镜头组接呈现出日新月异的发展态势。从中我们可以清晰地感受到镜头组接的历史脉络。

一、无须剪辑的单镜头电影

首先，我们把目光聚焦到电影的创始阶段。

案例1：《工厂大门》

1895年12月28日，在法国巴黎的一家咖啡厅里，播放了卢米埃尔兄弟拍摄的《工厂的大门》《火车进站》《水浇园丁》等12部电影。这一举动成为世界电影史上具有划时代意义的事件。首批播放的影片有以下几个共同特点：

（1）全景，固定机位，舞台指挥式拍摄，用手转动摄像机手柄，直到胶片拍完。

（2）单镜头，长度在1分钟左右，是对生活场景的全景式展示。

1. 开始部分的截图

2. 自行车出来时的截图

案例2：《火车进站》

1. 火车远景截图

2. 下车时的全景截图

案例3：《水浇园丁》

1. 单人时截图

2. 双人时截图

单镜头、固定拍摄的局限性非常大。一是时间上的局限性。它只能连续拍摄，不能通过剪辑来缩短或拉长时间。二是空间上的局限性。《水浇园丁》就是最典型的案例。演员的表演不能超出画框，只能在镜头视野内进行。我们看到园丁捉住小伙子后，必须把他拽到镜头前面；否则，出了画框，观众就看不到打屁股的情景了。如下图所示：

1. 两人即将出画框的瞬间

2. 在构图中心“打屁股”的情景

二、多镜头、多场景累加电影

当人们从动态影像的惊奇中走出来以后，对简单的场景再现逐渐失去了兴趣，而对电影的趣味性、戏剧性提出了更高的要求，人们期待着更加丰富的场景和动人的细节，来满足他们对影像世界的好奇，也正是这种需求，敦促着电影人不断探索的脚步。

案例4：《月球旅行记》

导演：乔治·梅里爱

上映时间：1902年

乔治·梅里爱（Georges Méliès）是一个富有想象力的电影人，他对电影的主要贡献是拓展了电影的空间。1902年，他创作了《月球旅行记》（*A Trip to the Moon*），在这个片子中，他把真实的地球场景和想象中的月球场景连接在一起，用“科学大会”“制造炮弹”“月球登陆”“探险者之梦”“与月球人搏斗”“海底遇险”“凯旋而归”等段落，构成了一个复杂的故事。

从卢米埃尔的真实场景再现，到梅里爱的大胆想象，随着镜头的增加和场景的丰富，电影的空间得到了拓展，电影不再是单独的场景再现，而是几个场景的组合，电影的剪辑理念也在观众日益增长的收视期待中开始萌芽。

三、剪辑意识的萌芽

应该说，美国人埃德温·S·鲍特(Edwin S. Porter)是让电影成为电影艺术的第一人。他在爱迪生的旧库房里，找到了一些消防队员活动的影片资料，然后在摄影棚里完成了火场救人部分的拍摄。他把这些片段组接起来，完成了一部称得上作品的电影——《一个美国消防队员的生活》。

案例5：《一个美国消防员的生活》

导演：埃德温·S·鲍特

上映时间：1903年

1. 拉响消防警报
2. 救火车出动
3. 烟雾缭绕
4. 救火车疾驰
5. 焦急等待
6. 消防队员进入大楼
7. 等待救援
8. 架起梯子
9. 进屋救人
10. 救人成功

梅里爱的“停机再拍”让他开创了多镜头、多场景的创作手法，但他没有改变电影的时间进程，而鲍特用剪辑的办法，改变了电影的时间概念。他的《一个美国消防队员的生活》至少有两点突破：一是借用过去的资料，把过去的片段与现在拍摄的片段有机地结合在一起，让人们看不出破绽。二是把消防车赶赴火场与火场救人的镜头交叉剪辑，改变了真实场景中时间的连续性，为后来电影的宏大叙事创造了可能。

案例6：《火车大劫案》

导演：埃德温·S·鲍特

上映时间：1903年

1903年，鲍特拍摄完成了著名的《火车大劫案》（*The Great Train Robbery*），整部片子用13个镜头（场景）来讲述故事，最后用举枪射击结束。这13个场景，既有关联，又同步推进，观众不需要借助字幕就能读懂故事情节。

1. 劫匪进入车站
2. 劫匪上火车
3. 抢劫
4. 车顶搏斗
5. 劫匪下车
6. 抢劫乘客
7. 劫匪逃跑
8. 劫匪下车
9. 劫匪逃进山林
10. 发现情况
11. 舞厅报警
12. 追劫匪
13. 与劫匪混战
14. 手枪特写

鲍特把故事分段叙述，并且使用了摇拍镜头（劫匪跳下火车逃跑时）以及俯拍、仰拍等手法，但在使用全景、不间断记录现场的传统模式上没有质的改变。镜头能不能在段落的基础上细分呢？电影史上又一个重量级的人物出场了——戴维·卢埃林·沃克·格里菲斯（David Llewelyn

Wark Griffith，1875~1948）。格里菲斯1907年进入电影圈，出身贫寒的他，靠虚心、勤奋、敬业，逐步形成了自己的风格。1915年，他拍摄完成了《一个国家的诞生》（*The Birth of a Nation*），并以此奠定了在电影史上的重要地位。

案例7：《一个国家的诞生》

导演：戴维·卢埃林·沃克·格里菲斯

上映时间：1915年

在这部将近3个小时的片子里，格里菲斯用1500多个镜头，重现了南北战争前后发生的重大历史事件。多视角、多景别（远景、全景、中景、特写等）的镜头运用，彻底改变了电影的形态和样式。特别是特写镜头的使用，改变了鲍特及之前所有电影人使用远景记录动作的模式，使电影在表达上更直观、更具体、更具冲击力。

时任美国总统威尔逊称它为"用光书写出来的历史巨著"。乔治·萨杜尔在《电影通史》中写道："《一个国家的诞生》使美国电影在企业经营方面发生了巨大的变化，使好莱坞得以摄制那些比意大利影片规模更大、更豪华的故事片，由此开辟了走向超级影片和巨额片酬的道路，该片首次在美国上映的日子乃是好莱坞世界的开始。"这部耗时9周、投资10万美元的片子，为公司赢得了近两千万美元的票房收入。

该片刺杀林肯片段在剪辑上有以下几个特点：

（1）突破了舞台指挥式摄影的局限，多机位、多视角拍摄。不光有远景、全景镜头，还使用了中近景及特写镜头。镜头间有呼应，比如男女青年与舞台之间的呼应，观众与总统的呼应；景别也有变化，如中景与全景间的变换，全景与小全景的转换，见下图。

（2）在段落中，有动作连贯性剪辑，如保镖搬凳子小全景与进包厢全景、小全景的衔接（见下图）。

（3）通过镜头的组接、视角的变化以及遮挡画面的办法，引导观众收视，这种做法不同于卢米埃尔兄弟的全景式展示，创作者能够使用特写或中近景，有效地调动观众的注意力。

案例8：《党同伐异》

导演：戴维·卢埃林·沃克·格里菲斯

上映时间：1916年

《一个国家的诞生》的成功，极大地鼓舞了格里菲斯的斗志，1916年，格里菲斯倾注全力拍摄了结构更为复杂、时间长达480分钟的《党同伐异》（*Intolerance*）。《党同伐异》由古代的"巴比伦的陷落"、近代的"基督受难"、现代的"圣巴戴莱姆教堂的屠杀"和当代的"母与法"四个小故事组成。格里菲斯这样解释片子的结构："故事像从山顶上看到的四股溪流那样开始，四股水起先缓慢地、静悄悄地分开往下流，但是，它们越流越急，直到结尾时的最后一幕，它们汇合成一条感情外露的强大河流。”四个不同时代的故事有一个共同的主题，就是“党同”与“伐异”，用这样一个主题来串联不同年代的故事，可谓煞费苦心，那么效果怎么样呢？并没有达到他理想中的轰动效果，作品的内容晦涩难懂，即使是业界人士，解读起来也颇费思量，更遑论普通的观众了。惨淡的票房收入像一盆冷水，浇灭了格里菲斯的万丈豪情。不过，片子的拍摄与制作技巧却达到了相当的高度，格里菲斯开创性地使用了气球摄影、起重臂摄影等拍摄手段，展现了古代战争的宏大场面以及巷战的惨烈，特别是“最后1分钟营救”的剪辑手法为后人所乐道，影响了数代电影人。

在《党同伐异》最后，有一场本杰明援救艾尔西的戏，该段落采用了交叉剪辑的手法：一组镜头是参加罢工的工人，被押往刑场处以绞刑的过程；另一组镜头是工人妻子为了营救丈夫驾车追赶乘坐火车的州长，请求州长签署赦免令，飞车赶赴刑场的过程（参见第三章第一节）。两组镜头交替使用，节奏逐渐加快，营造了一种紧张甚至令人窒息的气氛，这一手法在我国演化成了“刀下留人”的经典手法。

该段落给我们的启示是：

（1）节奏加快，营造紧张气氛。

（2）使用特写，强化视觉印象。

格里菲斯对电影发展的最大贡献是，他认识到影片的每一个段落必须由一组不完整的镜头组成，而这些镜头应该根据剧情的需要，进行有机的排列和组合。比如，《党同伐异》中波斯人弯弓射箭的镜头之后，紧接着是一个巴比伦人中箭倒地的镜头，衔接得非常好，给人以身临其境的感觉，如果是《水浇园丁》那样的全景镜头，效果就会大打折扣。格里菲斯的第二个贡献是：特写镜头的使用。他认为，要很好地表现演员的思想和情感，就必须让摄像机靠近演员，把其面部表情放大地展现给观众。刺客的面部特写、手枪特写等都非常有力地推进了剧情的发展。格里菲斯的第三个贡献是：通过剪辑营造一种氛围，最典型的要数《党同伐异》中的营救段落。

四、蒙太奇理论的形成与发展

从卢米埃尔兄弟到格里菲斯，一大批电影人不断进行着录放设备的革新和拍摄、制作技法的探索，他们的作品也为电影理论家提供了研究的素材。

前苏联电影理论家列夫·库里肖夫在他的工作室里，反复观看了格里菲斯的《党同伐异》以及大量的早期电影后，带领学生利用影像片段进行剪辑实验。他发现，同一镜头与不同的镜头组接，能产生不同的意义，这就是后人定义的“库里肖夫效应”。

弗·伊·普多夫金是库里肖夫工作室的成员，他对电影的重要贡献是，明确了镜头在构成电影作品中的重要意义。在他看来，镜头就像建筑中的砖块，镜头组接构成场景，场景构成段落，段落与段落累加构成整部电影。其次，他把蒙太奇手法细分为五大类，即对比蒙太奇、平行蒙太奇、象征蒙太奇、交叉蒙太奇和主题蒙太奇。他在1926年撰写的《论剪辑》中，是这样解释剪辑的：

（1）对比剪辑。假设我们的任务是讲述一个忍饥挨饿者的悲惨处境，如果我们把一个富人愚蠢的暴饮暴食与之连接起来，这个故事会变得更加生动。对比剪辑就建立在一个这么简单的对比关系基础上。在银幕上，对比的影响可以更强，因为我们不但可以把忍饥挨饿段落和暴饮暴食段落连接起来，而且还可以把单独的场景甚至场景中单独的镜头与其他场景或镜头连接起来，这样就等于始终强迫观众对两个情节进行比较，使两者相互强化。对比剪辑是最有效的剪辑方法之一，也是最普通、最标准化的方法之一，因此要小心，不要过滥过火。

（2）平行剪辑。这种方法与对比有些类似，但是更加广泛。平行剪辑的实质可以用下面的例子很好地说明。这是个虚构且目前还没有拍摄过的情节：一个工人，罢工的领导者之一，被判处死刑，死刑执行时间定在早上5点整。这个段落可以这样剪：工厂主，被判处死刑的工人的老板，醉醺醺地离开了饭店，他看了看手表，4点钟。然后是被判刑的工人，他即将被带出。又是工厂主，他按响门铃，问了下时间，4点30分。囚车在重兵押解下，沿着街道前行。开门的女仆——死刑工人的妻子——遭遇突如其来的残忍攻击。酩酊大醉的工厂主在床上打鼾，他腿上的裤脚翻了过来，手垂下来，我们可以看见表针慢慢地指向5点。工人被执行绞刑。在这个例子中，两个主题不相干的事件通过指示死刑迫近的手表平行发展。冷酷工厂主腕上的手表一直出现在观众的意识当中，因为是它将工厂主与即将遭遇悲惨命运的主角联系在一起。平行剪辑无疑是一种很有意思的技巧，具有相当大的发展前景。

（3）象征剪辑。在影片《罢工》的最后场景里，枪杀工人的镜头中穿插了一个屠宰场里宰牛的镜头。编剧想要并且成功地说明了：对工人的枪杀就像屠夫用屠刀宰牛一样残酷、冷血。这种剪辑方法特别有意思，因为通过剪辑，在不使用字幕的情况下，给观众输入了抽象的概念。

（4）交叉剪辑。在美国电影中，最后段落常常由同时发生并快速发展的两个情节构成，其中一个情节发展的结果依赖于另一个的结果。影片《党同伐异》中现代部分的结尾就是这么构成的。这种方法的最终目的是，通过对疑问的持续强化，给观众创造最大的刺激张力。例如，让观众不停地问："他们还来得及吗？他们还来得及吗？"

这是纯粹情绪化的方法，现在已经滥用到令人厌烦的程度了，但是不能否认，交叉剪辑是迄今为止发明出来的构建影片结尾的最有效的方法。

（5）主题（主题的重复）剪辑。这种剪辑方法在编剧想要强调情节的基本主题时特别有用。重复的方法可以实现这个目的，它的实质通过下面的例子很容易说明。在一个意图揭露沙皇政权御用教会的残忍和虚伪的反宗教情节中，同样的镜头重复了若干次：教堂的钟声悠扬地响起，同时出现字幕——"教堂的钟声给整个世界发出忍耐和博爱的信息。"这个片段出现在编剧想要强调教会鼓吹的忍耐之愚蠢、博爱之伪善的任何时候。

普多夫金非常重视镜头组接的表意功能。1926年，他导演了一部著名的电影——《母亲》。在这部片子里，他使用了多处象征蒙太奇手法，把寓意相同的镜头组接在一起，来表达情感，渲染气氛。比如，当儿子巴维尔即将从监狱释放出来的时候，他是这样安排的："在《母亲》中，我企图不采用演员的心理表现来影响观众，而是通过剪辑手段进行有适应力的综合。儿子在狱中坐着，忽然，有人偷偷地递给他一张条子，说第二天就要释放他了。问题是怎样使用电影的手法来表现他那欣喜的感情。如果只拍出一个满面笑容的脸，就会显得平淡无味。因此，就先拍了他双手的激动，然后拍他的下半个面部，嘴角的笑痕。我还插入了其他几个空镜头：春水洋溢，奔流直下的溪涧，水面闪烁着的阳光，乡间池上拂翼拍水浴身的鸟，最后是个笑逐颜开的孩子。通过这些镜头的组接，这个囚犯喜悦的表现就形成了。"

与普多夫金同时代的另一位电影大师是谢·米·爱森斯坦，他的《蒙太奇论》堪称专业必读书。他强调，镜头组接能产生新的含义，就像象形文字的作用一样。

水和眼睛的画面表示流泪；耳朵靠近门的画面=听；狗+嘴=吠；嘴+孩子

=号叫；嘴+鸟=歌唱（鸣）；刀+心=忧伤；等等。可是这就是蒙太奇！是的，这就是我们在影片中所做的事，把那些属于描写性的、意义简单、内容平常的镜头——变成理智的镜头组合。

爱森斯坦把蒙太奇功能归结为“合乎逻辑、条理贯通的叙述”，“能最大限度地激动人心”。

1924年，爱森斯坦执导了他的第一部电影《罢工》。这部电影打破了传统叙事的框框，更加强调思想的表达。1925年，他又执导了最具代表性的作品——《战舰波将金号》。其中，“敖德萨阶梯”段落堪称经典（参见第四章第三节）。

在这一段落里，大约使用了140多个镜头，他没有按照叙事的原则去组接镜头，而是从营造气氛、表达情感的角度去组织镜头。通过镜头组接，强化了沙皇士兵的强大和平民百姓的无助，渲染了沙皇士兵的凶残和无辜群众的惊恐与愤怒。该段落的剪辑完全突破了传统影像的时间概念，既可以把漫长的过程压缩为几个瞬间，也可以把瞬间发生的事件大大拉长。比如母亲倒地的镜头，本来是几秒钟发生的事，爱森斯坦却用了数十秒的时间去展示，通过镜头的剪辑营造一种视觉冲击力。

吉加·维尔托夫是前苏联左翼电影的代表性人物，编辑《电影周报》的经历让他对纪实电影以及剪辑工作有了很深的感悟，他提出了著名的“电影眼睛”理论。他认为，“电影眼睛”是一种探寻视觉世界的科学方法，它建立在对社会现实系统记录的基础之上，同时又要体现作者对纪实材料的系统组织和剪辑。

1929年，维尔托夫摄制了《持摄影机的人》（*The Man with a Movie Camera*），这部电影可以说是“电影眼睛”理论的最好示范。维尔托夫以时间为主线，用缜密的剪辑，展现了劳动人民一天的工作和生活。片子从观众进入电影院开始，给观众一个电影眼睛的视角，即通过电影的眼睛观察世界，认识生活。在这部影片里，维尔托夫使用了分割画面、二次曝光、快放、慢放等手法，大大丰富了镜头的剪辑手段。

五、新浪潮运动与直接电影

安德烈·巴赞被誉为“新浪潮电影之父”，他的《摄影影像的本体论》描述了现实主义电影的理论体系。他认为，蒙太奇剪辑过于强调意义的表达，破坏了人物与事件的完整性，他希望利用“景深镜头”给观众的收视以更大的自由，而不是被动地接受导演强加给观众的所谓意义。他十分推崇美国导演奥逊·威尔斯的《公民凯恩》。

案例9：《公民凯恩》

导演：奥逊·威尔斯

上映时间：1941年

获奖情况：第14届（1942年）奥斯卡金像奖最佳创作电影剧本奖

在这部影片中，威尔斯使用了大量的大景深镜头。

1. 在雪地玩耍的凯恩与室内的父母及经纪人

2. 凯恩与苏珊相对而坐

影片中，凯恩与苏珊相对而坐，用空间上的疏远表示心理上的疏远，导演没有明确的交待，反而给观众以更大的想象空间。

巴赞对英国纪录片导演弗拉哈迪创作的《北方的纳努克》也很欣赏，他认为，影片中"长镜头"的使用，保留了时间与空间的完整性，更真实可信。

纳努克与伙伴捕鱼的长镜头

巴赞反对导演用蒙太奇手法，破坏镜头的多义性和完整性，他更希望观众去发掘镜头自身的寓意。

20世纪50年代末60年代初，随着同步录音技术的发展，促成了美国"直接电影"的产生。由罗伯特·德鲁领导的"德鲁小组"，其成员包括理查德·利科克、唐·彭尼贝克、艾伯特与戴维·梅斯勒斯兄弟、詹姆斯·利普斯科姆和霍普·赖登，他们在时代出版公司的资助下，用新装备的摄录设备拍摄了第一部“直接电影”——《初选》，这部电影记录了民主党参议员休伯特·汉弗莱与约翰·F·肯尼迪角逐总统候选人的过程，捕捉到了两位议员在群众集会上演说、在街头散发传单、在咖啡馆里逗留、在汽车和旅馆房间里打瞌睡等鲜活的细节，这种真实记录现实的创作手法，迥异于大多数美国人曾经在电视上或影院里看到的那些东西，给观众以真实的体验，也给后来的电影人以诸多启发。

【小结】

我们对影像编辑的历史脉络进行梳理之后，不知你有何感想。在影像编辑的历史上，有无数个第一次：第一次移动拍摄，第一次摇镜头，第一次多场景拍摄，第一次交叉剪辑，第一次使用特写镜头，第一次使用人声……

每一次进步都凝聚着无穷的智慧，这些看似寻常的创新，都是影像发展史上不可磨灭的功绩。

第四节　影像编辑的基本素养

一个合格的影像编辑应该具备哪些素质呢？这是一个很棘手的问题。因为影像创作的题材极为丰富，做好每一部影片，都需要掌握相对应的知识或信息，而我们的精力是有限的，不可能对每一个领域都有所涉猎。在这样的前提下，一方面需要靠长期的积累，另一方面需要短期的速成。掌握了方法论，具备了基本的素养，我们在面对不同题材时，才不至于手忙脚乱。这些基本的素养包括以下几个方面：

一、节目策划能力和把握主题的能力

如前所述，影像编辑是一个相对独立的创作单元，类似于影像创作的项目经理，其工作从创意策划阶段就开始了。一个不能参与创作、不能把握主题的编辑人员，往往是不称职的编辑。因为编辑的出发点和落脚点都是表情达意，不知道要表达什么，编辑就失去了方向和目标。这里边有两种情况：一是按照脚本编辑；一是在脚本基础上进行二次创作。前面这种情况基本不存在了，编辑也是一个创作过程，对现有素材可以进行必要的加工改造。我们的经验是，在编辑的同时，会产生许多新的想法，会出现许多意想不到的效果，这也是编辑工作的快感源泉。

案例：《羊倌过年》

导演：刘继锐

上映时间：2004年

获奖情况：2004年中国广播电视协会纪录短片一等奖

当年，我们编辑《羊倌过年》的时候，东营市副市长周联华去羊场拜年一段，本来市长与大家的一段对话是在羊圈边上进行的，为了不让对话影响片子的节奏和纪实风格，我们作了如下处理：

先把对话的重要内容剪辑出来，然后在对话开始部分插入市长与大家走在养殖场通道中的镜头。由于是远景，不需要对口型，显得合情合理，之后插入羊群的小全景、中景，再回到市长与大家聊天的镜头，以及羊的镜头。在这个过程中，我们还插入了当地农民的镜头和养殖场经理的镜头。

以下是该段落的部分截图：

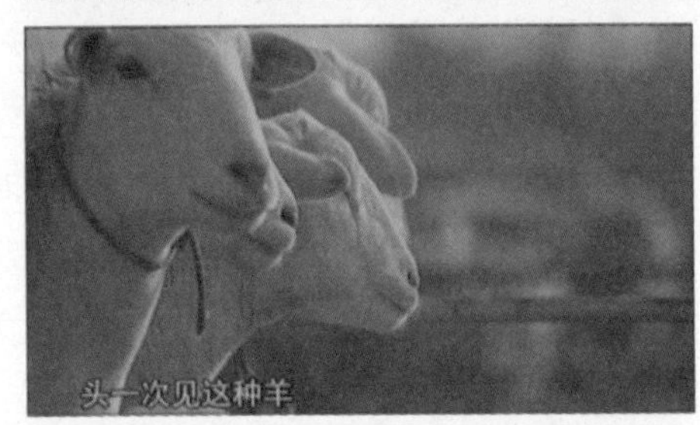

其实，我们完全可以编一段对话放在节目里边，但这样处理，必然呆板。通过插入相关镜头，把一种固定机位的采访变成了一种动态的交流，让片子显得更加灵动。这些插入镜头不是在同一时段拍摄的，插在这个地方，不但没有不协调的感觉，反而交待了环境，丰富了现场。

二、镜头意识

很难想象一个不懂镜头创作的编辑能编出好片子来，在业内有这样一句话，拍摄即剪辑，没有哪一项艺术像影像这样依赖前期创作。一个不懂镜头设计、不懂画面创作的人，也就不可能编出好的影片来。

举一个例子：我们在乐陵拍摄全国第一个农民博士——苏寿堂的创业故事，当时设计了一个现代化棉纺织企业的全景，这个全景有多种拍法，但怎样拍摄才好呢？我们的第一方案是：拍摄朝阳下的厂区。早晨起床后，摄制组来到厂区西侧的宿舍楼上找拍摄位置，但没找到太阳与厂区的合适角度（实际上，应该提前去踩点的，但因为时间太紧，我们连踩点的时间都没有）。于是我们快速下楼，按照太阳可能出现的位置，继续寻找拍摄地点，快速来到厂区西北侧的传达室楼顶，发现这个位置也不合适。我们又以百米冲刺的速度跑到马路上找位置，我们必须与时间赛跑，在太阳出来以前将机器架好。最终，在马路上找到了一个合适的位置，这个位置的好处是：前景是代表乐陵县传统产业的一棵金丝枣树，枣树的后面是一片厂区，太阳即将从树枝的空隙中冉冉升起。我们快速架好三角架，开机，连续拍摄了半个多小时。制作时，将30多分钟的视频压缩成12秒播放，出现的效果是：太阳在树枝间冉冉升起，随着阳光普照大地，一个现代化厂区逐渐展现给观众。

我们想，乐陵是一个农业县，金丝小枣是他们的传统产业，在这样一个传统的农业县，出现了一个现代化的棉纺织企业，这本身就是一个传奇，也看出农民企业家苏寿堂独到的眼光。

三、一定的音乐常识和特技常识

影片创作离不开音效合成和特技制作，如果不能自己完成，就要找相关人员帮助完成，如果没有音乐和特技常识，就很难与人家沟通，作为节目的最终责任人，必须担负起统筹节目制作的使命。

影像作品是时空的艺术，包括声音与画面两个主要元素，画面编辑的节奏感以及伴随画面的音效对影像作品来说有着极其重要的意义，编辑的音乐素养决定着画面编辑的节奏与情感表达。白居易在《与元九书》中说："感人心者，莫先乎情，莫始乎言，莫切乎声，莫深乎义。诗者，根情，苗言，华声，实义。"

声音是宣泄情感的主要手段，其魅力有时候甚于画面。比如在黑场中，起一段哀乐，人很快就会被感染。声音是立体的、三维的，比两维空间的画面更加动人心魄。有音乐修养，善于利用声音来表达情感，是编辑应有的基本素质。

关于特技制作，一般的编辑人员可能不善此道，但我们不能求全责备，毕竟包装是现代影像制作中一个非常重要的环节，有专门的技术人员负责，但编辑人员必须了解特技制作的常识。比如，有哪些常用特技，特技的使用能达到怎样的效果，等等。了解特技的基本知识，编辑才能够与特技制作人员进行有效的沟通。从目前的情况看，一般的特技制作人员只是执行创意而已，往往在特技表达思想、表达主题层面缺少思路，创意大多是由编辑人员提出来的。对编辑人员来说，不懂得特技效果，就很难做出行之有效的特技创意。换句话说，编辑人员可以不会做特技，但必须了解特技制作常识，必须懂得怎样利用特技去表情达意。

四、当一个杂家

作为现实世界的记录者、代言人和折射社会万象的一面镜子，我们每天都会遇到不同的人、不同的事。熟悉这些人和事，心中有多学科的知识积淀，在理解编辑素材上才会游刃有余。

编辑农业节目不同于编辑工业节目，编辑音乐不同于编辑书法，编辑不同的题材、不同的人物、不同的事件，需要调度不同的知识储备。作为编辑来讲，不一定什么都精通，也不可能样样精通，但需要当一个杂家、一个多面手。

其实，当一个杂家并不难，电视人有接触不同社会角色的机会和条件，耳濡目染，采访交流，都有利于知识的积累。只要善于观察、学习，就能够在日积月累中成为一个杂家。

第二章　影像编辑的章法

在我们闲暇的时候，不妨扪心自问：是什么原因吸引我们打开电视机或走进电影院？是故事，是演员，是导演，是消磨时光，还是其他因素？从观赏的角度，人们的诉求点是不同的，但就具体的作品来说，为什么同样的题材、同样的内容，会有不同的收视效果呢？这就牵涉到表达的形式与技巧问题。

在表达上，我们面临的首要任务就是谋篇布局。对电影、电视剧来说，谋篇布局的任务一般是由编剧来完成的，而电视节目的谋篇布局则是由编导来完成。编导在电视节目制作中承担着非常重要的角色，类似于建筑工程的项目经理。由编导牵头组建摄制组，并调度摄像、录音、灯光、配音、特技制作等各工种，以便完成节目的策划、拍摄、撰稿、编辑、特技、配音、配乐、音效合成等一系列工作。在这个过程中，编导是节目编辑的创意者和执行者。其中，一项非常重要的任务，就是对整部作品的谋篇布局，我们称之为“影像编辑的章法”。

谋篇布局是动手剪辑前非常重要的环节，譬如画竹，必先成竹在胸，然后再落笔描画。“竹之始生，一寸之萌耳，而节叶具焉。自蜩腹蛇蚹以至于剑拔十寻者，生而有之也。今画者乃节节而为之，叶叶而累之，岂复有竹乎？故画竹必先得成竹于胸中，执笔熟视，乃见其所欲画者，急起从之，振笔直遂，以追其所见。如兔起鹘落，少纵则逝矣。”譬如书法，当“意在笔前，然后作字”。晋王羲之在《题卫夫人笔阵图后》中说：“夫欲书者，先干研墨，凝神静思，预想字形大小，偃仰平直振动，令筋脉相连，意在笔前，然后作字。”

影像编辑的章法一般遵循故事线、时间线、主题线的结构原则，并表现出完整、紧凑、流畅的结构特点。

第一节　故事线

电影、电视剧离不开故事，电视纪录片、专题片，甚至电视新闻、电视广告都离不开故事。人人都喜欢听故事。有人说，现代传播已经进入故事化时代，只有故事才最吸引人们的眼球，这话有一定的道理。

讲一个什么样的故事，怎样去讲，是一个复杂的问题，在这里我们仅就故事的结构作一个简单的描述。

1.故事的基本构成：故事的发生、发展、高潮、结局。

2.讲述故事的语态：以第一人称或第三人称讲故事。用第一人称讲述自己的故事，听起来亲切，个性化，有主观色彩。以第三人称讲故事，则较为客观。

一、谁来讲故事

谁来讲故事，即故事的叙述者是谁。叙述者可以是故事中的角色，也可以是旁观者，还可以在主、客观之间互换。

1.第三人称讲故事

无论电影、电视剧，还是电视节目，大多用第三人称讲故事。这种讲述的角度比较客观，少了亲力亲为的主观色彩，不受时间、空间的限制，在表达上比较自由。例片：《初选》《大河》《篮球梦》等。

2.第一人称讲故事

用第一人称“我”讲故事，把“我”的所思、所听、所看，传达给观众，因为是真“我”的经历看起来比较亲切。缺憾是“我”只能叙述自身活动范围内遇到的人和事，同第三人称相比，受到一定的限制。例片：《俺爹俺娘》《我的父亲母亲》《简爱》《罗杰与我》等。

案例1：《俺爹俺娘》

导演：韩蕾

上映时间：2003年

纪录片《俺爹俺娘》用第一人称讲故事，片子开头是富含情感的男声交待：“在鲁中山区，与沂蒙山毗邻，有一个小山村，住着我年迈的爹娘。”作者把讲述的“我”

定位为“儿子”，拉近了“我”与“爹娘”的关系，让观众听起来更亲切、更真实。

配音的“我”和真实的“我”用叙述的语态，将爹娘的一个个感人瞬间串联起来，讲述了大山深处、小山村里，一对朴实农民的真实生活，没有惊天动地的事件，没有撕心裂肺的举动，生活就像一首散文诗，在潺潺流动中，荡漾着情感的涟漪。

案例2：《我的父亲母亲》

导演：张艺谋

上映时间：1999年

获奖情况：第23届（1999年）百花奖最佳故事片奖、第50届（2000年）柏林电影节银熊奖

该片用儿子的口吻讲述了父亲与母亲感人至深的爱情故事。

影片用第一人称交待环境、人物、事件，省略了空间与时间上的转场与过渡，以及故事情节的铺垫与交代，能够腾出更多的时间和空间，展开细节描述，着力营造具有冲击力的视觉形象。如：修碗、做饺子、找发卡等情节。

二、故事的构成

故事的构成包括故事的发生、发展、高潮和结局。

故事的发生，即故事的开端，一定要有吸引力，能够导引着观众看下去。

故事的发展，即情节的发展，要跌宕起伏、曲折动人，这样的"发展"，故事才有吸引力。

故事的高潮，是故事最重要的部分，矛盾冲突最激烈，情感最充沛，最能揭示故事的主题。

故事的结局，是故事的"果"，之前的"因"必然要有一个"果"，这样才能满足观众的收视期待。有些故事的"果"会安排在高潮部分，结尾只是故事高潮之后的升华，或发人深思，或清新隽永，或余味无穷。

下面，我们分析《泰坦尼克号》的故事构成。

案例3：《泰坦尼克号》

导演：詹姆斯·卡梅隆

上映时间：1997年

获奖情况：第70届（1998年）奥斯卡金像奖最佳影片、最佳导演、最佳音效、最佳摄影等11项大奖

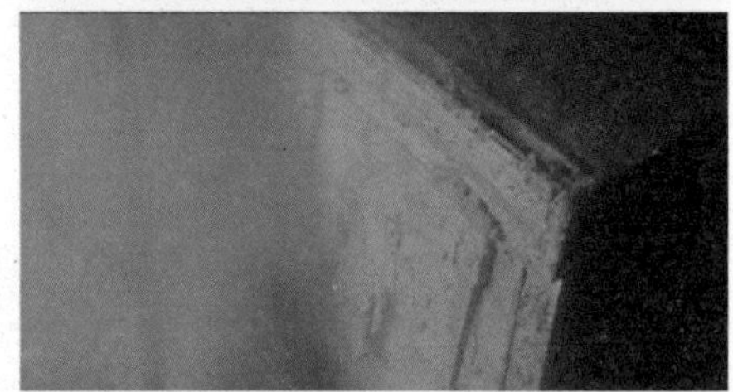

影片从海底探险开始，为了寻找1912年在大西洋沉没的"泰坦尼克"号和船上价值连城的宝石——"海洋之心"，探险家布洛克从沉船上打捞起一个锈迹斑斑的保险柜，不料其中只有一幅保存完好的素描——一位佩戴着钻石项链的年轻女子的肖像。这则电视新闻引起了一位百岁老人的注意，这位老妇人就是画中的人物——露丝·道森。老人随即乘直升飞机赶到布洛克的打捞船上，伴随着老人的讲述，一段感人的爱情往事徐徐展开……

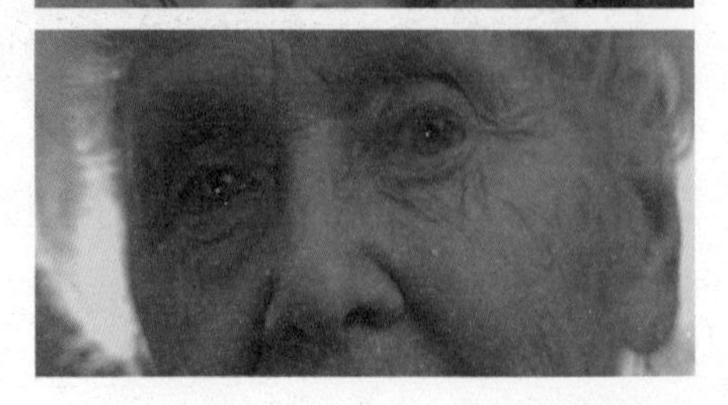

这个片段是整个故事的引子，是导演卡梅隆在后期剪辑阶段用20多个小时冥思苦想出来的，既有实景拍摄，又有模型拍摄，这个引子的意义在于：

（1）为露丝爱情故事的发生赋予了一个宏大的、有吸引力的背景，即20世纪十大灾难之一——“泰坦尼克”号的沉没。

（2）海底探险本身就有吸引力，况且此次探险是一次真正意义上的深海探险。据说，为了营造真实感，卡梅隆说服制作公司对“泰坦尼克”号残骸进行了实体拍摄。1995年，他们召集俄罗斯、美国和加拿大的科学家、摄影师、水手和历史学家，使用了当时世界上最大的深海考察船——俄罗斯“姆斯蒂斯拉夫·凯尔蒂什学院”号，对沉睡在4000米深处的“泰坦尼克”号废墟进行了12次潜水拍摄。为了能够深入残骸内部拍摄，他们还专门制造了一台遥控潜水器，这一切为电影营造了强烈的悬念。

影片转场处理得非常好，用了一个长镜头（实拍加后期制作）过渡，先是老态龙钟的露丝的脸部特写，然后镜头缓缓地摇到“泰坦尼克”号残骸上，随着镜头的移动，“泰坦尼克”由残骸逐渐变成了当年起航时的情景。

右侧是该镜头的截图：

1.故事的发生

在引子之后，卡梅隆用极其凝练的手法，再现了故事的发生经过：1912年4月10日，“泰坦尼克”号从英国南安普顿出发驶向美国纽约，贵族少女露丝和母亲及未婚夫卡尔一同登上该船。另一边，年轻的画家杰克在码头酒吧里靠一场赌博赢得船票，并在即将起航时登上了这艘豪华巨轮。在茫茫大海上，厌烦了贵族生活的露丝准备跳海自尽，这时候，男主角杰克出现了，他一把抱住了露丝，爱情之花由此萌生。

作为故事的铺垫，卡梅隆在镜头、台词的使用上极其简洁，几乎到了多一句累赘、少一句不可的程度。如杰克的登船环节，台词、镜头都极其洗练。

2.故事的发展

第二天，露丝与杰克在甲板上聊天，露丝向杰克道谢。晚上，露丝的未婚夫卡尔为了感谢杰克的救命之恩，邀请杰克到头等舱餐厅聚餐。餐后，杰克又带着露丝在三等舱里玩乐。次日，露丝的母亲和卡尔知道后，责备了露丝的出格行为，露丝被迫与杰克分手。夕阳西下时，美丽活泼的露丝和英俊开朗的杰克相聚在船头，爱情之花开始绽放。为了见证这段爱情，露丝戴着卡尔送给她的项链，让杰克给她画像，杰克用饱含情感的笔，描绘着心中的女神。

在故事“发展”阶段，卡梅隆为情节的展开设置了很多障碍，贵族与平民、富贵与贫穷、头等舱与三等舱之间的隔阂，是两个年轻人必须逾越的鸿沟。还有母亲的责备，未婚夫的阻挠，这些都让故事变得曲折。

3.故事的高潮

不幸的事终于发生了，“泰坦尼克”号撞上了冰山，杰克因卡尔诬陷，被关进了船上的监狱。一场悲剧即将发生，危难之时，露丝相信杰克是无辜的，她用救生斧帮助杰克逃离监狱。面对汹涌的海水，露丝放弃了逃生的机会，与杰克在甲板上紧紧相拥。“泰坦尼克”号终于沉没了，在冰海上，杰克把生存的机会留给了露丝，让露丝趴在木板上，自己则在冰海中活活冻死。弥留之际，两人的对话深深触动着观众的神经：

“答应我，露丝，永不放弃对我的承诺！”

“我答应你，永不放弃！我不会放弃的，杰克，我永远不会放弃！”

故事的高潮部分无疑是整部片子最精彩、最感动人心的部分。在巨轮即将沉没的关头，人性的高尚与卑微、奉献与自私，表露无遗。卡尔用卑鄙方式寻求逃生，而杰克则把生的希望留给了心爱的露丝；卡尔的卑劣伎俩增加了观众对他的鄙视，也衬托出杰克与露丝的高尚。一句“永不放弃”感天动地！“永不放弃”凝聚着人类面对苦难时的最伟大的情感，是冰海中垂死的杰克的心愿，也是露丝获救后坚守一生的承诺！茫茫夜色中，冰冷的海面上，有的不仅是面对死亡的无助，还有难舍难分、感天动地的爱情，这份情感甚至比灾难更具有力量。

4.故事的结局

夜晚，老态龙钟的露丝来到84年前泰坦尼克号沉没的地方，把自己珍藏了84年的项链扔进了大海，让它陪着杰克和这段爱情长眠海底……

在电影粗剪阶段，结尾是这样处理的：船员洛维尔看到露丝走到考察船的船尾，以为露丝要跳海，便与露丝的孙女丽西一起来救她。露丝要把钻石扔到海里，其他人吓坏了。露丝说这枚钻石对于她来说没有什么感情意义，最后，她把钻石扔到水中。

卡梅隆对这样的结尾并不满意。他认为，故事发展到这里，观众早已把洛维尔忘了，再把他扯进来没有意义。另外，他也不想在惊险的泰坦尼克号沉没和感人的杰克死后，再添加这样场面，有点不合时宜。

故事的结局并非是故事情节的水到渠成，出人意料的处理往往引发人们的思索，露丝把探险家梦寐以求的“海洋之心”扔进大海，用未婚夫卡尔赠送的无感情之物去祭奠杰克的深海长眠，这样的结尾，耐人寻味。

三、故事的结构

故事的结构，即故事的叙述流程，或者故事内容的编排方式。主要有顺叙（正叙）、倒叙、插叙（闪前与闪后）、交叉叙述等四种。

1.顺叙

顺叙又称“正叙”，即按照时间的先后顺序来叙述，是故事表达的主要方式。由于跟故事的进程吻合，所以表述起来脉络分明、条理清晰。但运用顺叙结构讲故事，容易犯平铺直叙的毛病，陷进流水账的泥淖。那么怎样解决这个问题呢？有两点需要注意：一是善于剪裁，突出重点内容；二是讲究情节的跌宕起伏，避免平铺直叙。

2.倒叙

倒叙是为了制造悬念，把故事的结局提前展示给观众，该手法常用于侦探故事和悬疑故事。

倒叙的意义是：使片子的结构富于变化，故事情节曲折有致、引人入胜。

3.插叙

插叙包括闪回和闪前两种主要手法。

（1）闪回

所谓闪回就是回到从前。闪回又称“闪念”，即英文的Flashback。这里讲的闪回主要是指结构上的闪回，作为“回忆片段”的闪回将在段落编辑中讲解。

对影视编剧和电视编辑来说，介绍故事背景是一个相当棘手的问题，如果不借助解说或对白，闪回是最理想的解决办法之一。使用闪回手法时，一定要保证故事情节的流畅。因为使用闪回手法的本意是为了交代故事背景，帮助观众更好地理解故事，有利于故事情节的发展，如果闪回手法的使用破坏了故事情节的流畅，使故事表达出现停滞，就会失去意义。判断闪回手法是否成功，关键看它是否有利于故事情节的发展。

案例4：《日落大道》

导演：比利·威尔德

上映时间：1950年

获奖情况：第23届（1951年）奥斯卡金像奖最佳剧本、最佳作曲、最佳布景奖

影片从一起凶杀案开始，接到报警的警察来到日落大道一个过气女明星诺玛（Norma)的家，一个年轻人的尸体漂浮在游泳池里。

影片在开场2分40秒的位置用一段道白和一个虚化特技开始“闪回”。道白是这样的：“这个可怜的家伙，他一直想要一个游泳池，现在好了，他得到了。只是这个代价有点高。让我们回到大约6个月以前，看看这一切开始的那一天。”

在漂浮的尸体之后，影片用了1小时41分钟的片幅展现了死者吉尔斯（一个落魄的电影编剧）怎样因债务被追击，怎样误入无声影片时代的电影巨星诺玛家，怎样为了生计无奈地受雇于诺玛，帮她整理剧本，以及与诺玛的感情纠葛，最终被诺玛枪杀的过程。影片在1小时43分28秒处“闪回”到开始时的凶杀现场。

尸体漂浮在游泳池的镜头是重要的衔接点，整部影片都是在讲这个落水人的故事。

（2）闪前

所谓闪前，就是“闪入”到现在或未来。在影视剧中，我们常看到“××年后”这样的过渡，这就是典型的闪前手法，这也是省略手法在段落蒙太奇上的成功运用，作者删掉了对剧情意义不大的“××年”时间，由过去直接过渡到现在或未来，如《性书大亨》《21克》《红粉保镖》《战争子午线》等。

案例5：《战争子午线》

导演：冯小宁

上映时间：1990年

在《战争子午线》中，冯小宁敢于大胆发挥电影的表现手段，在描述战争年代孩子们的生活时，采用传统的写实手法，中间多处插入的闪前画面则采用浪漫主义手法。他敢于强烈地抒发自己的意念，借助孩子们在战争中艰苦卓绝的战斗生活进行抒发，这种手法很有个性。

案例6：《性书大亨》

导演：米洛斯·福尔曼

上映时间：1996年

获奖情况：第47届（1997年）柏林电影节金熊奖

拉里·弗林特（Larry Flynt）是一个好色、言语粗俗而又精明的一家脱衣舞俱乐部老板，他的情人是一名舞女。他创办了一份专走低端市场的色情杂志《好色客》，凭借他自幼磨练出来的生意头脑，这份低俗色情杂志很快就大获成功。这本备受争议的杂志也为他惹来不少麻烦和牢狱之灾。一次枪击事件导致他下半身瘫痪，并且失去性功能，妻子也患上艾滋病逝世。愤恨与痛苦中，他对保守势力展开反击，与一位基督教领袖就一宗诽谤案件重新对簿公堂。在其律师的帮助下，这个原本声名狼藉的性书大亨，竟然成为言论自由及民权的化身，而这场一开始就充满闹剧的官司，也一直打到最高法院，并以拉里·弗林特的胜利而告终。

拉里·弗林特在遭枪击之后，开始服用止痛药，不久就发现上了瘾，他妻子也开始服用药物，两人都陷入药瘾而不能自拔。闪前场景从一道钢制安全门砰的一声关上开始，门上的显示屏由1979年3月快速地变成了1983年3月。

五年过去了，门又重新打开了，曾经的卧室已经面目全非：肮脏、黑暗、阴冷，两人因长期使用精神药物，而变得形如枯槁和颓废。

4．交叉叙述

交叉叙述又称“交叉剪辑”，类似于小说创作中的“花开两朵，各表一枝”，交叉剪辑是指两个场景交叉呈现。当然，这里讲的交叉剪辑主要是指章法结构中的交叉剪辑，段落中的交叉剪辑将在后面章节中讲解。就章法结构而言，最典型的案例当属纪录片《沙与海》。

案例7：《沙与海》

导演：康健宁、高国栋

上映时间：1991年

获奖情况：获第28届（1991年）亚洲广播电视联盟大奖赛大奖

该片在结构上采取交叉剪辑的方式，一条线索反映西北戈壁滩牧民刘泽远一家的生活，另一条线索则展现东海之滨渔民刘丕成一家的生活。渔民与牧民，海岛与沙漠，交叉表述。该片编导康健宁这样描述片子的来历：“《沙与海》是1989年开始拍的。当时我跟辽宁台高国栋关系非常好，有一次我们在庐山开会，我就提出来我们能不能一块拍一个片子，我拍宁夏的，你拍辽宁的，最后把它合在一起，这叫‘共同创作’。最后我选中沙漠中的一户人家，他选中一个孤岛上的一户人家，一块开始拍。”

位于宁夏戈壁滩上的刘泽远家

位于辽宁海岛上的刘丕成家

康健宁选了沙漠中的刘泽远一家，高国栋选了海岛上的刘丕成一家。两个家庭环境不同，生活条件不同，编导按照生活逻辑，如生存状态、家庭观念、婚姻理想、对未来的打算等等，合并同类项，进行交叉表述，其目的不是去对比他们的差异，而是在共同的社会背景下（改革开放之后），找出人类生存的共性。正如康健宁所说："沙漠中的这么一户人家他很孤独，他很封闭，孤岛上的一家他虽然面对的不是沙漠，是海水，但是我想在两家里面找到共同的东西——可能西部的穷一些，东部的稍微富一些，但这不是我主要想说的，我想说的是，比如说他们对儿女的态度，对生活的态度，对生活质量的想法，对外部世界关注的程度，仔细看的话是完全一致的。我想找它共性的东西，而不是表达贫富差别。"

两条线索交替呈现，给人以耳目一新的感觉。不同的风土人情，不同的人生际遇，相同的是顽强的生存意志和日常生活中流淌的情感和诗意。沙暴可以摧毁一切，正如海潮可以摧毁一切一样，两户家庭都必须与自然抗争，而适应环境又是他们的共同归宿。编导用写实的手法，为我们呈现了那个时代的真实生态：父子打酸枣、小女孩沙滩嬉戏、牧民女儿谈婚姻……平静的生活状态下，荡漾着情感的涟漪。

让我们看看两家女孩的婚姻理想，编导使用了两段同期声采访。先是渔民刘丕成的女儿，她的择偶标准是：不想找有钱的，她认为有钱人太狂，愿意找一个平常人家，"不说有钱也不是太穷那样的"。质朴的语言中，流淌着少女真实的情感，一份矜持，一份坦诚。再看看牧民刘泽远的女儿，当记者问她"想不想离开这个家"时，她回应了很长时间的沉默。沉默中是激荡着情感的波澜，里边有童年的美好记忆，也有对未来的畅想。

纵观全片，交叉剪辑的使用，拓展了观众视野，带给我们丰富的视觉享受。在大海与沙漠之间，在牧民与渔民之间，回荡着一曲生命的赞歌。

故事的结构除了上面提到的四种，还有一些特殊的结构方式，如各国电影大师作品《十分钟年华老去》以及日本电影大师黑泽明的《梦》等。

黑泽明的《梦》由八个梦组成，分别是：太阳雨、桃园、风雪、隧道、乌鸦、红色富士山、垂泪的魔鬼和水车之村。一个梦一个主题，内容涉及保护环境、反对战争、祈求和平等多个层面。

四、细节——故事的生命

故事要想感人，就离不开细节的描述，细节就像闪光的宝石，镶嵌在作品中，成为片子的亮点，成为观众的深刻记忆。比如《俺爹俺娘》中，母子送别的情景，那份“儿行千里母担忧”的牵挂，那种依依不舍的母子情深，激发起每一位游子回家看看的冲动。

再如《我的父亲母亲》中，做饺子、送饺子的细节就很感人。父亲被莫名其妙地打成右派，母亲特意为他做的蒸饺子没吃上就被带走了，母亲像疯了一般，怀揣饺子，抄小道追赶。结果，人摔倒了，青瓷碗摔碎了，爱情的信物——彩色发夹也丢失了，接连好几天，母亲满山遍野地去找…… 这个细节把母亲对父亲的情感宣泄得淋漓尽致。

最后的5个重叠镜头，非常有趣味，利用镜头重叠制造母亲一定要找到发夹的迫切心情。

【小结】

故事线是最重要的影片结构方式，好的故事一般具备以下特征：有一个合理的叙述角度，有一个明确的主题，有一条清晰的主线，有一组个性鲜明的人物，有数个印象深刻的细节。故事结构完整，情节跌宕起伏，内容感人至深。

第二节　时间线

所谓“时间线”，就是按照时间顺序来结构全片。

影像作品作为时空艺术的产物，有明显的时间性特点。因为所有的事件、故事都是在时间流程中发生的，我们截取其中有意义的部分，按照时间顺序串联起来，是最基本、最简单的结构方法。同时，这种按照时间顺序结构全片的方式也符合人们的收视习惯。

案例1：《藏北人家》

导演：王海兵

上映时间：1991年

获奖情况：1991年四川国际电视节“金熊猫”大奖

《藏北人家》摄制组由6个30岁上下的年轻人组成。其中，王海兵、赵坚、韩辉是北京广播学院的毕业生，他们3人挑起了编、摄、撰稿的担子。摄制组于1990年5月进入西藏，经过3个月的酝酿，确定了片子的主题风格。王海兵在《藏北人家创作谈》一文中这样写道：“1990年8月下旬，我们来到藏北腹地的纳木湖畔，在那里结识了牧民措达一家。以后的日子里，措达的帐篷旁多了3顶小帐篷，我们和措达早晚相处，用自然跟踪手法不分昼夜地拍了200多分钟素材，回拉萨很快写出本子，又转入另一题材。直到1991年6月，长达47分钟的《藏》片才编辑制作出来。”

《藏北人家》的结构很清晰。第一部分介绍藏北高原的情况，时长大约1分钟。

人类的足迹，也许很晚才踏上地球之巅这块高高在上的土地。神秘的藏北有无数传说，但是谁也说不清楚最古老的祖先是谁。考古学家至今还没有在这里发现比新石器文化更早的人类活动遗迹。

很多迹象表明，同北极的爱斯基摩人一样，藏族牧人的祖先很可能是从遥远的地方迁移进来的。谁也不知道生存手段极为弱小的原始部落，为什么选择了平均海拔4500米以上的高原作为自己的生存之地。

藏北草原的地理高度决定了它的自然条件极其险恶。然而，艰难的环境最能激发出生命的潜能。英国历史学家汤因比曾经用实证主义的方法，证明了文明诞生的环境是一个非常艰难的环境，而不是一个非常安逸的环境。他认为，优秀需要苦难，美，是艰难的。藏北牧人的祖先，正是在这个高寒缺氧、艰难险恶的自然环境中，创造出一种独特的游牧文明。

令人注目的是，藏北草原的遥远和艰险筑成了一道厚重的屏障，将自己和外部世界远远隔开，使今天的藏北文明，得以保持同几千年前基本相似的形态。

辽阔的藏北草原南部，是雄伟的念青唐古拉山，念青唐古拉主峰海拔高达7000多米。在主峰的北边，有一个湖叫“纳木湖”，它是世界上最高的大湖。纳木湖海拔高达4718米，面积1900多平方公里。当年到达湖边的蒙古骑兵称它为“腾格里海”，意思是天湖。

纳木湖畔水草资源丰富，是藏北主要牧场之一。长年过着游牧生活的牧民，就在湖边搭起了一顶顶帐篷。

第二部分介绍措达家的情况，时长大约1分钟。

一座帐篷就是一个家庭。

这里是牧人措达一家。措达今年28岁，他和比自己大一岁的妻子罗追结婚9年，已经有了3个孩子，女主人罗追的父亲索朗也和他们生活在一起。

罗追怀有8个月的身孕，因为行动不方便，她的妹妹白玛来到她的家，帮忙干些家务活儿。措达家有将近200只绵羊和山羊，40头耗牛和1匹马。这些财产属他们个人所有。措达的财产在藏北算中等水平。他一家人的衣、食、住，完全取自这些牲畜，除此以外没有别的收入。

在面积广大的藏北草原，几乎看不见一棵树。一年四季的大部分时间，这里都刮着寒冷的西风。夜间温度一般都在摄氏零度以下，帐篷，就成为牧人们抵御风雪严寒的遮蔽所。

和蒙古族的蒙古包不同，藏北牧人的帐篷一般是黑色的，用结实的牦牛毛和羊毛编织而成。每一顶帐篷上方都有一个通风口，下雨时可以盖上。

帐篷的面积约有10平方米，中间是一个火塘。里面正对着帐篷门口有一个简陋的神龛，供着佛像。帐篷的四角堆着装有粮食、衣物和毛皮的口袋。晚上，一家人就睡在这一个帐篷里。在措达家，老人和孩子睡在里面，措达和女人睡在靠外的地方，帐篷不仅仅用来睡觉。实际上，所有的牧民生活都以帐篷为中心，每天的生活从这里开始，也在这里结束。

第三部分，展现措达一家人一天的生活，这是全片最核心的部分。

《藏北人家》在交代了藏北高原和措达家的基本情况后，以一天的生活流程为主线来反映措达一家的生活。用时间这根线把吃饭、打扮、放牧、剪羊毛、唱歌、跳舞等鲜活的细节串联起来，构成了一幅浓郁的藏北生活画卷。正像创作者所说："把拍摄内容限制在一户牧民一天的生活里，是我们最终构思的结果。这一构思基于两点：其一，尽管藏北荒凉寂寞，但有人的存在就有社会，而家庭是社会的细胞，是最基本的形态。要观察藏北人，观察他们在如此险恶的自然环境下，究竟是怎样生存下来的，最好的途径是观察一户家庭。其二，我们追求朴实自然。我们对创作手法的规定是纪实性的。我们试图把观众带入一个完全真实的环境中，以一天的生活流程为主线来反映一家人的生活，是体现我们意图的最佳选择。"

下面，我们选取几个时间节点，来看看《藏北人家》的结构方式。

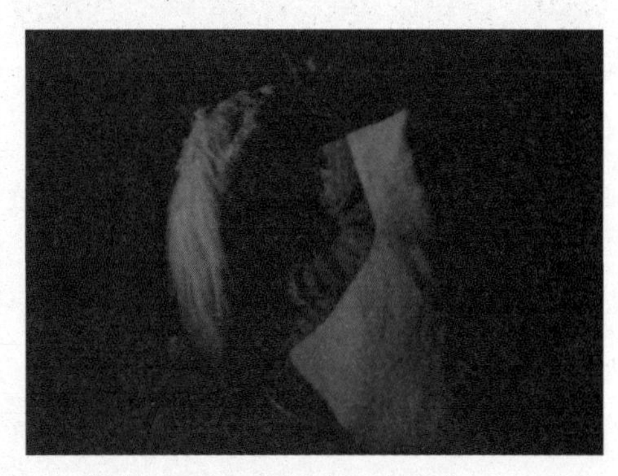

1. 藏北人家的早晨——清晨5点，天还很黑，女人们就起来了。夏天的夜晚仍然很冷，地上有霜冻。罗追披着防寒的毛毡，开始给牦牛挤第一次奶。

2. 女人忙碌了两个小时以后，男人醒来了。罗追告诉丈夫，昨晚羊群跑了。措达不紧不慢穿上衣服，走出帐篷去找羊。

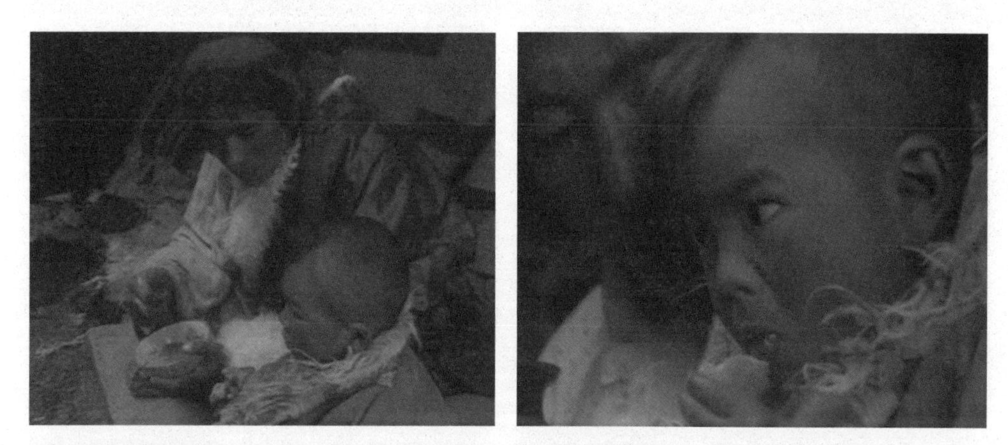

3. 藏北人家的早餐——糌粑营养丰富，热量高，食用方便，是生活在高寒地区牧民的主要食品。

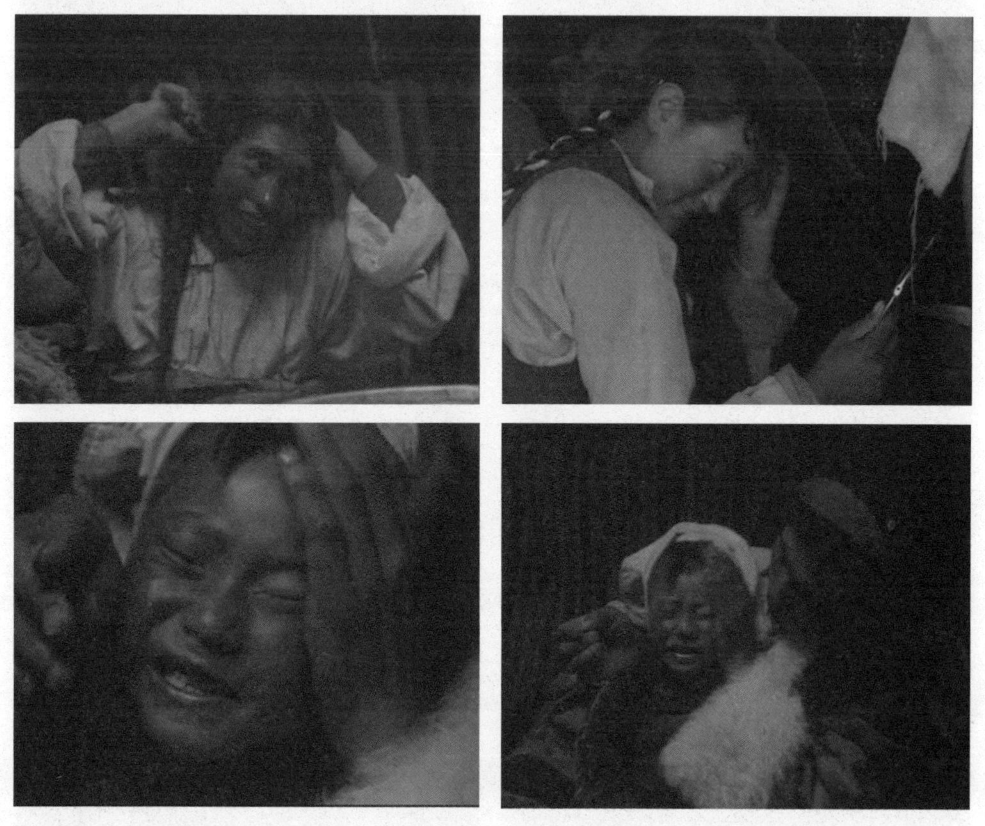

4. 藏北人家的生活习俗——早饭以后，全家人开始收拾打扮。牧人在生活中懂得，酥油是最好的护肤品。草原上风沙大，紫外线强烈，脸上抹一层酥油，皮肤又红又亮，能防风防晒。

5. 勤劳的藏北牧民是闲不住的，放羊时手里总少不了一个纺线锤。虽然一天只能纺几两羊毛，天长日久，纺出的线就足够编织一家人的生活用品。

6. 丈夫外出放牧，女人们就留在家中，干各种家务活。

7. 中午时分，还要给牛挤第二次奶，家中最轻松的是老人与孩子。

8. 藏北人家的生产互助——下午，措达把羊群赶到附近草场，自己回到家中。他今天要帮哥哥家剪羊毛，所以回来得早一点。

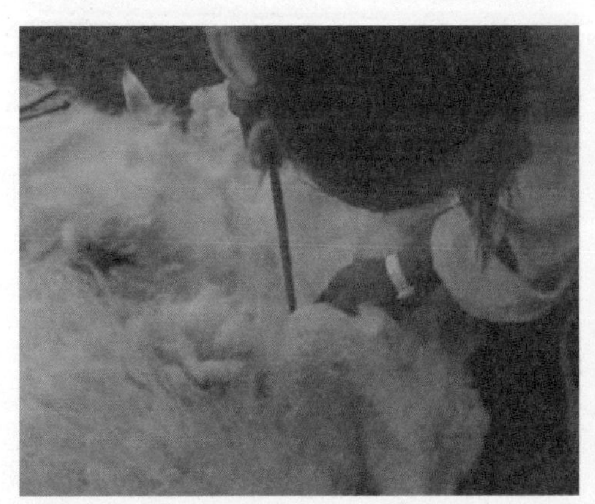
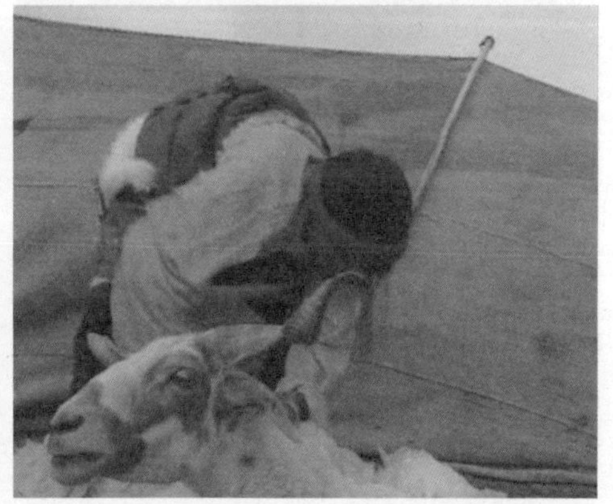

9. 牧人们剪羊毛用一种锋利的刀。这种刀剪羊毛很快的，但一不小心，会割破羊的皮肤。

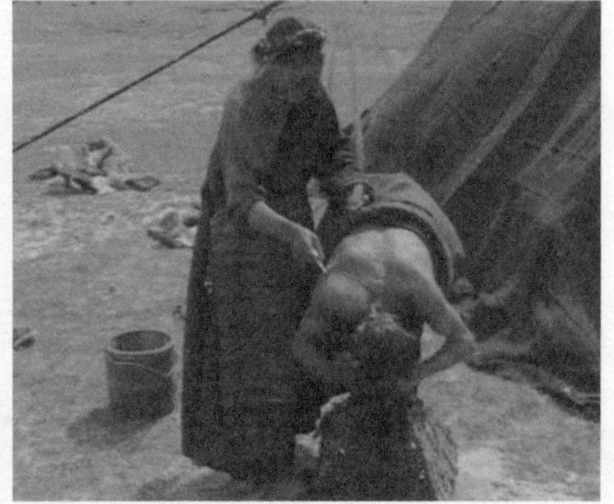

10. 藏北人家的夫妻生活——这天天气好，罗追烧了热水，准备给措达洗头。

11. 一天的日子在劳作和娱乐中度过。黄昏时分，女主人罗追又一次来到帐篷后面，举行简单朴素的祭神仪式。

12. 晚餐是藏北牧人一天中最主要的一餐。这里做的是一种叫“土巴”的食品，它是藏北牧人普遍爱吃的一种面食。

13. 藏北草原的夜晚总是那么寒冷。吃上热腾腾的一碗土巴可以增加热量，驱逐寒冷。吃完晚餐已经很晚，年轻的牧人有时会趁着夜色，聚集在帐篷附近跳“果谐”。牧民跳舞很注重脚步动作，像是一种“踢踏舞”，跳起来节奏鲜明，豪迈活泼。小伙子和姑娘们都尽情地表现自己。

14. 新的一天开始了。这一天同过去的每一天都一样。

《藏北人家》用一天的时间流程结构全片，也吻合了作者对藏北牧民生活的理解，全片从藏北的黎明开始，到藏北的黎明结束，似乎暗示着岁月的轮回。在和煦的晨光中，措达微笑着走出帐篷，去草原牧羊，一段富有哲理的解说词，为全片的主题作了很好的诠释：“新的一天开始了。这一天同过去的每一天都一样。对措达、罗追来说，昨天的太阳，今天的太阳，明天的太阳，都一模一样，牧人的生活，就像他们手中的纺锤一样，往复循环，循环往复，永远是那样和谐，那样宁静，那样淡远和安宁。”

以时间为线，以细节为“珠”，把一个个鲜活的细节串起来，就构成了一串完整、美观的项链，这是优秀纪录片的共同特征。《藏北人家》的作者如是说：“我们的观察从一个个生活细节入手。我们采用一种近似自然主义的拍摄手法，对拍摄对象绝不进行人工摆布，自然、真实、淳朴，是我们对全片的艺术把握，让镜头的造型美与生活细节的真实自然美结合起来，这是我们对镜头的美学追求。我们并不刻意追求单纯的画面效果。无论是晚霞中的牛羊，火塘前的笑脸，还是夜色中的帐篷，月光下的牦牛，一切都忠实于生活的真实。我们把镜头当成一支笔，真实地记录、记录、再记录，让生活静静地流动，让镜头像生活本身那样真实自然。”

案例2:《羊倌过年》

导演: 刘继锐

上映时间: 2004年

获奖情况: 2004年中国广播电视协会纪录短片一等奖

2003年腊月二十三日，本书作者与高熙国、韩立民、李新军等一行5人，冒着严寒，奔赴位于黄河入海口的东营超群牧场。牧场的主人叫陈华，是个澳籍华人。作者认识陈华是在2003年11月举办的山东省肉羊博览会上，她带来的杜泊种羊获得了博览会的冠军。在采访过程中，陈华先进的养殖理念和对事业的孜孜追求深深感染着我们。陈华是2000年来到山东东营创业的。黄河三角洲辽阔的湿地和草场，为发展畜牧业创造了良好的条件，她决心把澳洲的肉羊良种和先进的养殖技术带到这里，为发展我国畜牧业尽一份力量。为了心中的梦想，她毅然在荒凉的黄河三角洲深处安营扎寨，开始了拓荒生活。按照山东的民俗，进入腊月门就开始忙年，作为一个现代羊倌，陈华将在这里过一个怎样的春节呢?

在深入采访、沟通的基础上，我们确定了以“时间”为线索结构全片的方式，截取了腊月二十四赶年集、腊月二十九养羊户来访及市长拜年、除夕夜举办联欢会和陈华夜间巡视羊圈等片段，真实记录了陈华和她的羊倌们“忙年”、“拜年”和“过年”的过程。

以下是几个主要时间节点的截图:

1.第一部分：赶年集

解说词：“盐窝镇是山东最大的肉羊集散地，陈华要借着赶年集，推广自己繁育的肉羊良种，宣传肉羊杂交改良的好处。”

2.第二部分：养殖户来养殖场访问

解说词：“今天来的都是养羊大户，他们把过年的事暂且搁在一边。在陈华的养殖场，左看看，右瞧瞧，感觉什么都新鲜。”

3.第三部分：东营市副市长来养殖场拜年

同期声：

陈华：你好，周市长，谢谢周市长！

周市长：拜个年！老熟人了，今年情况怎么样？

陈华：不错！不错！今年我们做的胚胎移植规模非常大，做了整一年，供体羊就做了600多头，受体羊做了2000多头。

4.第四部分：养殖场举办春节联欢晚会

同期声：

晚会开场白。

主持人：嗨！过年好，我们给大家拜年了。今天让我们把羊的喜、怒、哀、乐全部都表现出来，大家说好不好？

5.第五部分：陈华夜间巡察羊圈

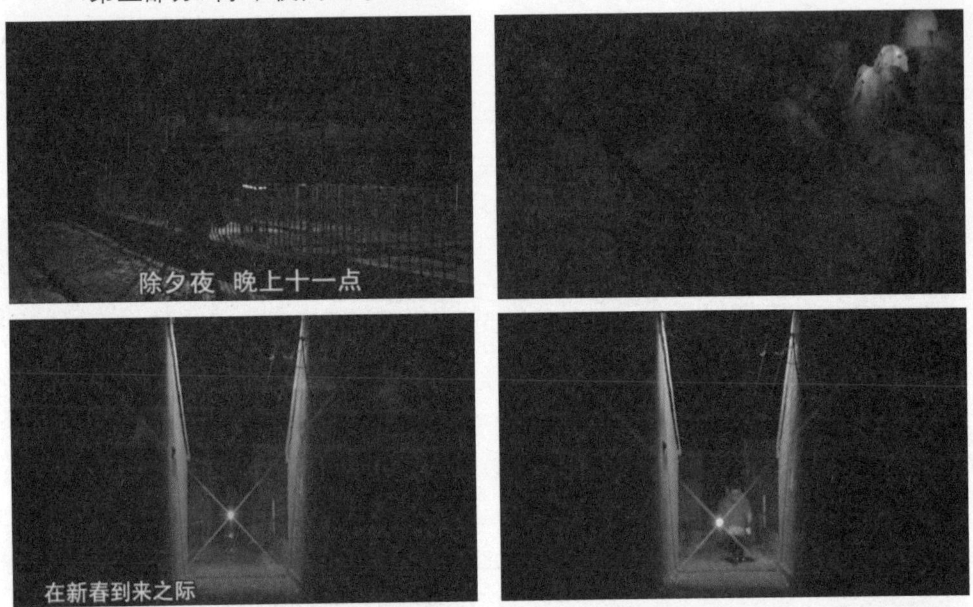

该段落以中央电视台春节联欢晚会的声音为背景声，把杨利伟的声音合成到陈华巡察羊圈的过程中，并以这段祝福的话为全片做结语——杨利伟：在新春到来之际，让我们满怀激情，去迎接一个更加崭新的黎明。

《羊倌过年》以时间为主线，把3天内发生的、有意义的片段串联起来，整部片子显得条理清楚，节奏明快，便于观众收看和理解。段落与段落之间，看似独立，实则有内在联系。如"赶年集"段落，在段落的最后，陈华邀请农民朋友到她的羊场参观，这就为下一个段落"农民来访"做了铺垫。片子的结尾也很巧妙，利用央视春晚中杨利伟的一段祝福作背景声，为陈华巡察羊圈铺垫，一方面交代了时间（夜间12点），另一方面为陈华的事业给予祝福，一语双关，余味无穷。

案例3：《奥地利时光》

导演：安德鲁·卡夫卡

上映时间：2001年

《奥地利时光》的序幕部分只有3分多钟的时间。怎样在这么短的时间内展示奥地利的旅游资源？他们同样以时间流程来结构片子，把奥地利的山川、动植物、建筑、文化、餐饮、娱乐等方方面面架构到时间的流程里，从黎明到日出，从阳光灿烂到华灯初上，展示了奥地利精彩的一天。

以下是部分截图：

【小结】

用时间结构全片是电视专题片、纪录片的常用手法，使用时间线结构片子时，有三点需要注意：

（1）截取的时间片段是否有利于主题的表达。比如《羊倌过年》，作者选择的时间片段——赶年集、拜年、除夕夜，都是最具传统年味的。在这些特殊的日子，陈华和她的现代羊倌们将怎样度过？与当地百姓有什么不同？这些对观众来说是有吸引力的。用时间线来结构片子，学会提炼生活片段是非常重要的，这是创作的核心。

（2）段落之间是否有关联。这一点非常重要，段落的安排要巧妙，不能像记流水账那样简单、孤立。在时间线的背后，一定要有意识流和思想流。

（3）对时间流程的理解，不能停留在现实时间的层面。比如《藏北人家》，时间流程只是片子的结构方式而已，片中的生活片段不一定是在一天的时间内拍摄完成的，可能需要几天或者十几天时间。将这些散落的片段组织在一天的时间之内，需要认真揣摩、布置，要做到不露痕迹。

第三节　主题线

我们常说，“晓之以理，动之以情”。表情达意是文艺创作的终极诉求，作为形象再现社会生活的影像艺术，自然也需要遵循这一规律。

所谓“写意”，就是指思想表达。创作者从表达思想的角度，去规划片子的结构，我们称之为“主题线”或者“思想线”，这种方法是电视专题片、宣传片最常用、最重要的结构形式，特别是一些时间较短的宣传片，一般采用单刀直入的表述方式，很少以时间流程去结构段落，张艺谋导演的北京奥运会会徽宣传片就是较典型的案例。

案例1：《舞动的北京》

导演：张艺谋

上映时间：2008年

该片是对北京奥运会会徽设计理念的影像解读，正像导演张艺谋所说：“这个宣传片最重要的任务是阐述设计者的设计理念，通过画面来形象地表现它的内涵。”“整体上跟申奥片精神相似，就是强调人民的热情、活力，上次的点是‘笑脸’，这次是动感、热情。”

在观看宣传片之前，首先让我们了解一下会徽的含义。

如图所示，会徽将中国传统的印章和书法等艺术形式与运动特征结合起来，经过夸张变形的艺术处理，既像北京的“京”字，又像一个奔跑着的人形，充满张力和寓意，展现了开放的、富有活力的中国形象。盐湖城冬奥会创意总监斯考特·吉文斯评价说：“我深深地被会徽形象所体现的精神和活力所吸引。会徽里展开的双臂充分展现了中国人的精神面貌，他们友好、亲和、欢乐和热情；同样，会徽形象也表现出奥林匹克的力量—— 迎接并团结全世界的人民。会徽的形象根植于中国传统文化符号，根植于过去，却又反映了一个热情而愉快的未来，完全能够作为北京的象征。”

对这样一个视觉形象，张艺谋是怎样解读的呢？

片子从中国印开始，刻印、看印、用印、手印、唇印、脚印……中国人把对世界的认识、对世界的感悟，融到这些符号里。同时，这些足印、手印、章印又是对他人、对社会、对世界的一种庄严承诺，是一份自身价值、自我角色的认同。该段落至“罗格之印”出现为止，表达的是会徽之“形”。

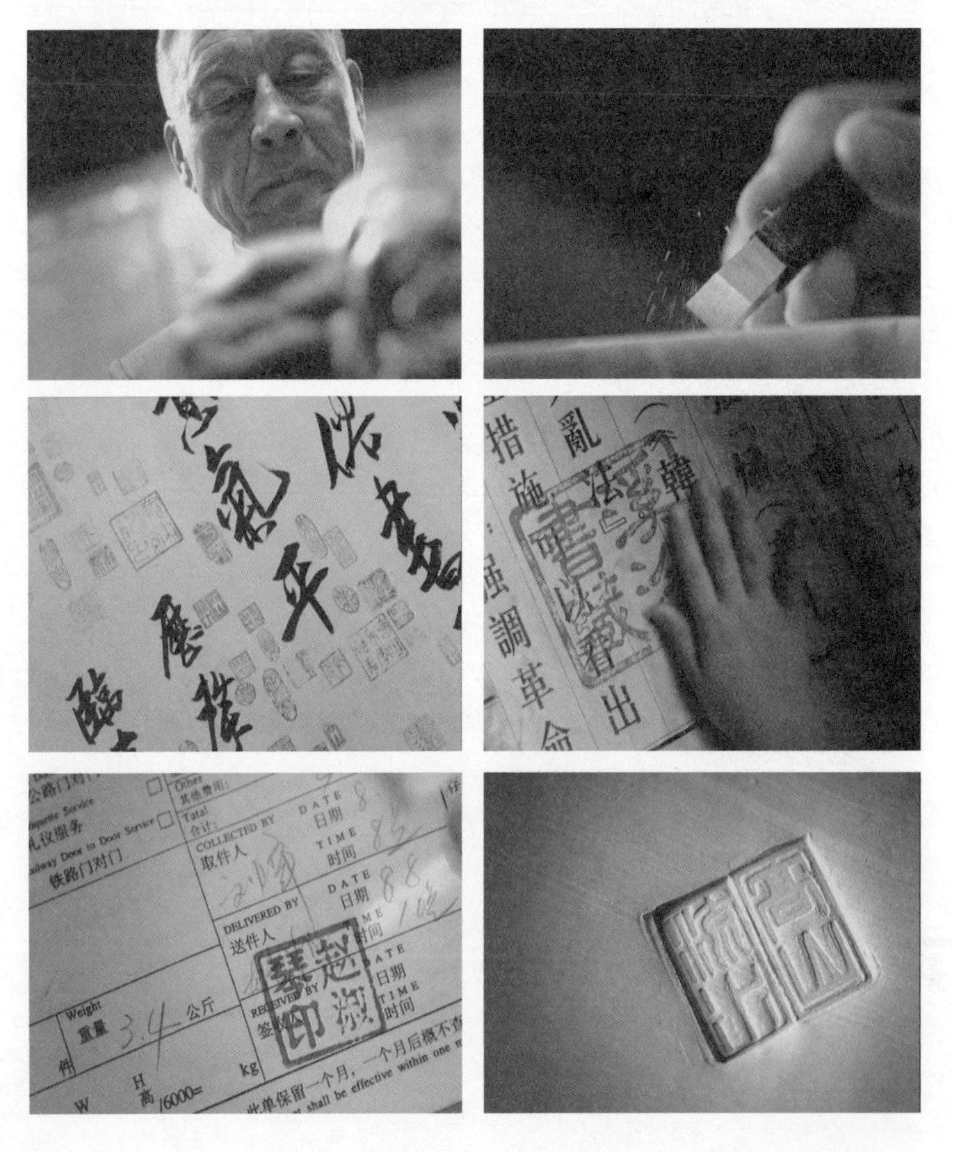

第二个段落，从中国书法的角度解读会徽的含义。篆刻家刀下的线条，既像中国书法中的“京”字，又像舞动的人形，该段落的主旨是揭示会徽之“意”。

第三个段落，从挥舞红飘带开始，进一步阐释“舞动的人形”之意。同时，为会徽着上了浓郁的“中国红”——红色的布、红色的纸、红色的墙、红色的伞、红色的衣、红色的门、红色的灯、红色的旗、红色的球……该段落至红绸布幻化成奥运五环止，用红色的热烈、红色的奔放来表达一种寓意，一个历史悠久、文化灿烂、充满活力的国度，用浓郁的红色表达着对艺术追求，表达着对奥运会的期盼和对世界各国朋友的热情召唤。由笔画演化而来的红绸带，犹如一支灵动的笔，在天地之间，挥洒出中国人民的一片赤诚。

第四个段落，从奥运火炬开始，以舞动的红绸承接上一段落，并贯穿全片。跃动的红绸布，仿佛涌动的血脉，让运动员在各个项目上迸发出无穷的潜能，绽放出生命的无限精彩。起跑、跳跃、追赶、跨越、刺剑、扬帆、蹬踏、挺举、鼓掌、欢呼、握手、拥抱、遗憾、悲伤、激动、兴奋、热泪盈眶、摇旗呐喊、振臂一呼……无论成功还是失利，都是人类最真挚的情感，都是生命之花的一次次绽放。

四个影像段落按照意义排列，第一段落展示中国印之“形”，第二段落揭示中国印之“意”，第三段落为中国印着“色”，第四段落赋予中国印以生命的“动”感，吻合了“更快、更高、更强”的奥林匹克精神。

案例2：《百年农大》

总导演：刘继锐

上映时间：2006年

《百年农大》全称《登高必自行健不息——山东农业大学百年巡礼》，是为庆祝山东农业大学百年华诞而制作的，由本书作者主创。接到创作任务后，作者对山东农业大学进行了实地考察，在听取校方介绍并查阅相关资料的基础上，确立了以校训——“登高必自”来统领全片内容的创作思路。

作者在《百年农大导演阐述》中说：“山东农业大学已经走过一百年的风雨历程，一百年，要说的东西太多，‘如数家珍’般地介绍必然有‘流水账’的弊端，怎样取舍，是该片能否成功的关键。我们的目标是：在梳理百年历史、展现办学成果的同时，着力挖掘和张扬学校的文化内涵。”

“登高必自”是山东农业大学的校训，语出《中庸》：“君子之道，譬如行远必自迩，譬如登高必自卑。”“登高必自”昭示人们：无论干什么事情，既要有“登高”的目标，志存高远；又要有从“自卑”处开始的恒心和毅力，脚踏实地，不懈攀登。“登高必自”四字高度概括了山东农业大学一百年来的精神内涵，用“登高必自”来结构全片是非常合适的。

让我们看看该片是怎样围绕“登高必自”的主题来表述的。

片子开头（引子部分），凌空起笔：

悠悠齐鲁，巍巍泰山。

见证了无数攀登的足迹——

山东农业大学，一座泰山脚下的高等学府,一所与时俱进的多科性大学，以执着、坚实的脚步，迎来了百年华诞。从偏居一隅的旧式学堂，到全国知名的现代学府；从120名晚清秀才，到3万名风华正茂的莘莘学子。一代代农大人，以“登高必自”、勇攀高峰的奋斗精神，在齐鲁大地，华夏沃土，谱写着科教兴国的华彩乐章。

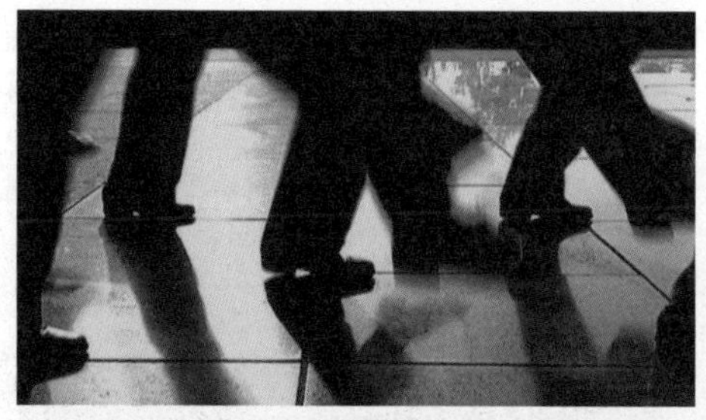

引子之后，分别从“峥嵘岁月”“百年树人”“神农新篇”“春风化雨”“继往开来”五个方面来阐释“登高必自”的精神内涵。

“峥嵘岁月”段落，是山东农业大学“登高”的起始，也是全片的铺垫，作者用斑驳沧桑的影像和凝练的语言，让山东农业大学闪亮登场——

> 20世纪初的中国，内忧外患、步履蹒跚，西方列强的坚船利炮和仁人志士的救亡呐喊，迫使清王朝废除科举，兴办学堂，推行“新政”。山东农业大学就是在这样的背景下，登上了历史舞台。
>
> 1906年，120名清末秀才走进了位于济南东郊的这所学堂，这就是山东农业大学的前身——山东高等农业学堂。

在“百年树人”段落，作者把“登高必自”的校训同巍巍泰山联系起来，极巧妙地介绍了农业大学的校址，又用攀登泰山的镜头语言对“登高必自”的校训进行了形象化的解读，而李振声、山仑、印象初三位优秀毕业生的学术成就，则为“登高必自”提供了有力的佐证。

> 这里是闻名世界的泰山，中华民族的精神象征！
>
> 1958年，山东农业大学迁址泰安后，就与这座名山产生了一种心灵上的默契。“登高必自”的校训也在这里渐渐清晰起来。
>
> “登高必自”出自《中庸》——“登高必自卑”。意思是说，干任何事情，既要

有远大的目标，又要有从最低处做起的恒心和毅力，脚踏实地，一步一个脚印地前进。

“神农新篇”段落，主要介绍山东农业大学的科研成果，小麦育种专家余松烈、李晴祺，果树专家束怀瑞等，他们的科研成就同样是“登高必自”的结果。

从山脚下的岱宗坊，到玉皇顶的“极顶石”，在泰山中轴线上，有6811级台阶。漫长的石阶天梯上，洒下过多少攀登的汗水，承载过多少希望与祈求。人类就是靠这种永不停息的求索精神，书写着辉煌的历史。

“春风化雨”段落，主要介绍校园文化，是对“登高必自”校训的进一步诠释。校园文化的影响是巨大的，它像空气一样弥漫在校园之中，如春风雨露般感染着每一位农大学子。

漫步在山东农业大学校园里，随处可见这种苍劲浑厚、造型独特的泰山石，它遒劲的纹理仿佛攀登者突起的筋脉；而刚毅、沉稳、凝重的身姿，正是农大人脚踏实地、勤奋务实精神的真实写照。

“继往开来”段落，介绍山东农业大学的未来发展规划，是对“登高必自”的美好畅想。

“地到无边天作界，山登绝顶我为峰。”攀登的过程，既是对自然的超越，也是对自我的超越。孔子登泰山而小天下，杜甫登泰山而“一览众山小”。每一次攀登都意味着一次力量的超越和精神的升华。

全片从多个侧面诠释“登高必自”的校训后，以杜甫的名句收束。

“会当凌绝顶，一览众山小。”

经无数风雨，历百年沧桑。山东农业大学这所百年老校，正焕发出前所未有的生机和活力，以更加开阔的胸襟和坚实的脚步，朝着建设高水平综合性大学的宏伟目标奋力攀登！

围绕着“登高必自”这一核心理念，作者分解出五段诠释理念的解说词，并且用登山的镜头以及象征着力量与毅力的泰山石强化观众对“登高必自”这一核心理念的理解。实践证明，这一做法是适合的，得到了校方和专业人士的认可。

案例3：《玉山之美》

上映时间：2011年

玉山（Yushan Mountains），位于台湾中部，主峰海拔3997米，不仅为台湾岛最高山峰，也为中国东部最高峰。《玉山之美》是玉山国家公园为申请世界新七大自然奇景而制作的。在片长不足四分钟的时间里，镜头对准了奇丽变幻的自然景色。创作者的目标十分明确，那就是向世人展现玉山的各个侧面，多变的气候、丰富的动植物资源、原生态的环境以及民风民俗等等，以优美的视觉语言去感染每一个观赏者。

为获得“世界新七大自然景观”的称号，选取什么景观来展现玉山的美是非常重要的。片子的主题非常明晰，正如字幕所呈现的：“玉山，台湾的圣山；东北亚最高峰；期望成为‘世界新七大自然景观’；神秘的玉山，优美与野性并存；在壮丽的环境里，大自然展现出丰富、缤纷的多样性；让世界看见玉山；让世人分享玉山；请投玉山一票。”创作者正是按照这样的思路选取和编排镜头的。

【小结】

对影像编辑来说，提炼主题是非常重要的一项工作，知道表达什么比简单的镜头组接要重要得多。知道表达什么，怎样去表达，是结构全片的前提条件。片子是否有思想，是否感人，关键看作者对主题的提炼和把握。

第三章　影像编辑的段落法

如果我们把编辑的章法比作建筑物的框架，那么，段落就是建筑物的“面”与“块”，就是建筑物的墙体、屋顶或者地基。比如，一幕剧、一场戏、一段回忆（闪前）、一个相对独立的环境、一个相对完整的事件等等，影片中的段落具有时间、空间的相对独立性，特别是电影、电视剧和纪录片，在编辑上受时间与空间因素的制约，不可能像文学作品那样天马行空。

影片的段落没有固定的长度和数量，完全取决于情节的需要，段落的内容和表达形式也多种多样，在这一章中，我们主要介绍动作段落、对白段落、闪前段落和蒙太奇段落四种段落编辑方式。

第一节　动作段落

影像作品最有魅力的地方是“动感”，它是视觉感染力的源泉。“动感”的营造主要有以下三个途径：

1.镜头里的人或物在动

这是营造动感的最重要的手段，电影大师的作品主要靠固定镜头（固定机位）拍摄出影片的动感，而不是靠镜头的摇来摇去制造动感。

2.镜头的运动形成动感

这里讲的运动不是指固定机位的推拉摇，而是指镜头借助摇臂、轨道车、斯坦尼康（减震器）等移动摄影设备，根据表达的需要，不断变换机位、视角和景别。移动摄影突破了固定机位拍摄形成的视觉宁静，仿佛给观众插上了收视的翅膀，可以上天入地，从不同的角度去观察场景中的一切。

3.镜头组接带来的动感

这个动感是由镜头组接节奏形成的，有两层含义：

（1）镜头组接的呼应关系构成动作的连续性。比如，第一个镜头是刽子手举起砍刀，紧接着是囚犯的人头落地，这两个镜头组接，形成手起刀落的动作连贯性。

（2）镜头组接形成的视觉跳跃。不断变换的视角，不断变换的空间，不断呈现的人与物，形成视觉的动感。

动作段落的编辑有很多必须遵循的理念，为了便于理解，我们先看几个经典段落。

案例1：《党同伐异》

导演：戴维·卢埃林·沃克·格里菲斯

上映时间：1916年

格里菲斯执导的《党同伐异》于1916年8月5日首映，影片由“母与法”“基督受难”“圣巴多罗缪的屠杀”和“巴比伦的陷落”四个不同年代的故事连缀而成。四个故事反映了一个共同的主题：祈求和平，反对党同伐异。格里菲斯这样描述自己的创意：“四个大循环故事好像四条河流，最初是分散而平静地流动着，最后却汇合成一条强大汹涌的急流。”

该片有一个非常著名的段落——工人的妻子营救走上断头台的丈夫，这个段落被后人称为“一分钟营救”，该手法也被多次克隆。

以下是该段落的截图：

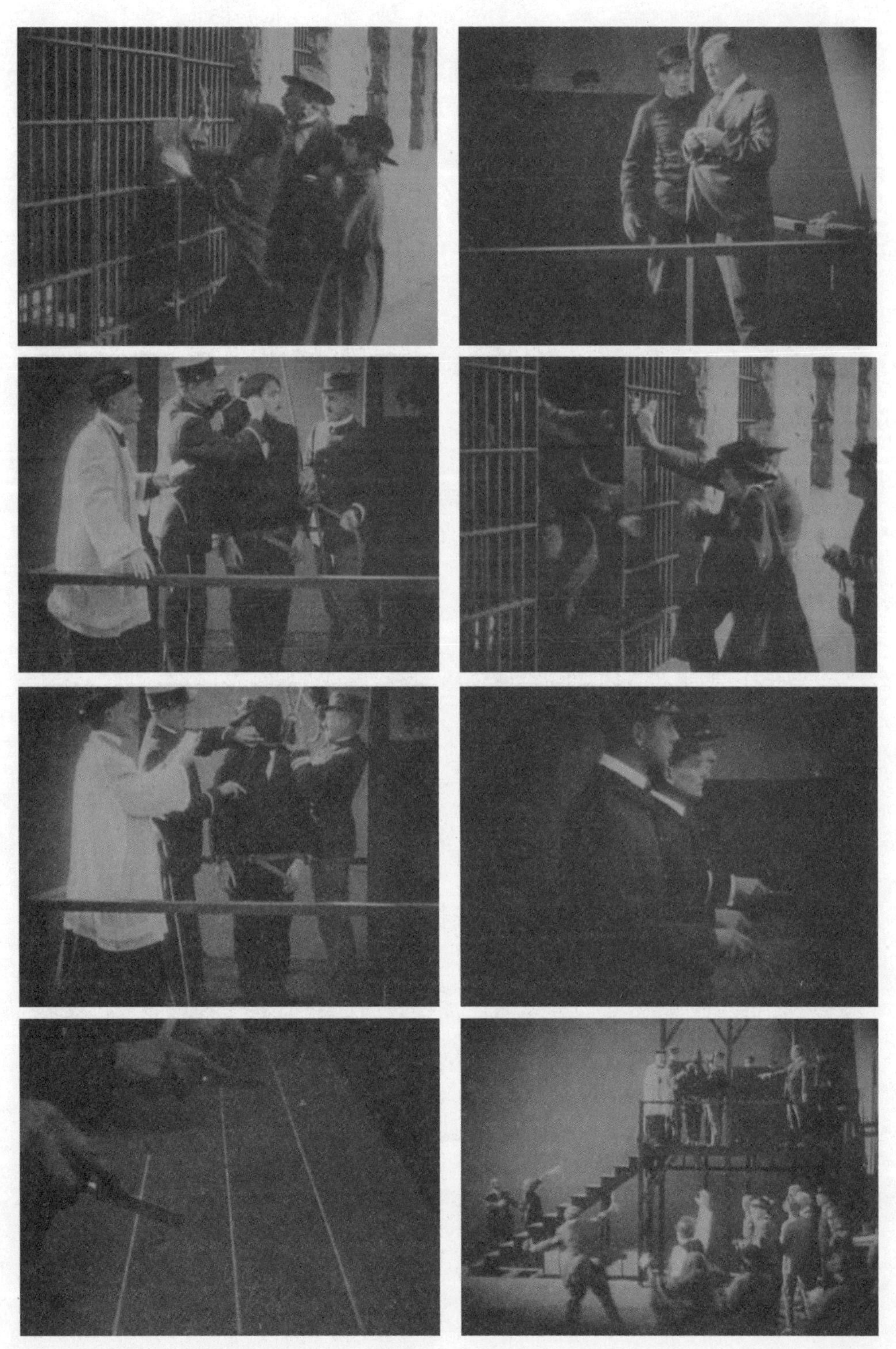

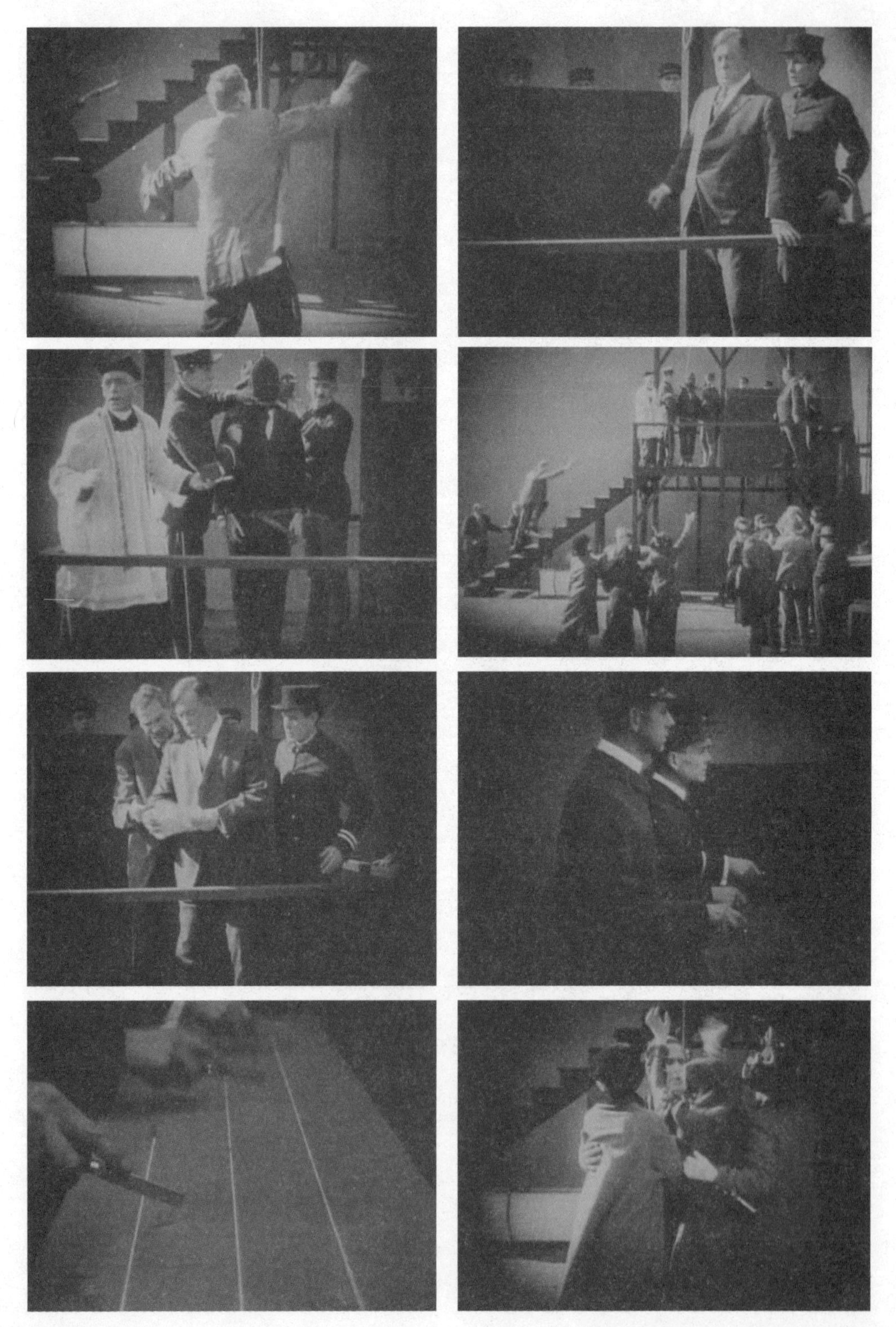

该段落自罢工工人走上绞刑架开始，到走下绞刑架为止。在1分多钟的时间内，格里菲斯用了两组共38个镜头，来营造扣人心弦的视觉效果。一组镜头表现罢工工人被押往刑场处以绞刑的过程；另一组镜头表现工人妻子及亲属营救的过程。两组镜头交叉剪辑，节奏逐渐加快。当刽子手即将行刑之际，工人的妻子终于将州长的赦免令送到，工人得救了，夫妻俩紧紧地拥抱在一起。

该段落剪辑有几点值得我们借鉴：

（1）格里菲斯为观众设置了一个能不能营救成功的悬念，激发起观众的收视期待。

（2）交叉剪辑手法的成功运用，拓展了观众视野，制造了紧张气氛。随着剧情的发展，两组镜头交替出现，剪辑节奏逐渐加快，当三个刽子手即将割断绳索的紧急时刻，观众的心也提到了嗓子眼！

（3）格里菲斯善于使用动感镜头营造紧张情绪，如奔跑、飞车、敲门等。

（4）以特写镜头展现细节，强化视觉冲击力。如：工人悲伤恐惧的脸部特写、刽子手举刀的特写、接听电话的特写等。特写镜头的使用在现在看来并没有什么新奇之处，但在当时多用“舞台指挥式”摄影、全景占据天下的时代背景下，格里菲斯大量使用特写镜头，具有开创意义。

（5）重复使用镜头，制造紧张气氛。如刽子手全景、手部特写重复了两次，特别是手起刀将落的特写第二次出现时，观众的担心也达到了极点。

案例2：《七武士》

导演：黑泽明

上映时间：1954年

获奖情况：第19届（1954年）威尼斯电影节银狮奖最佳影片

《七武士》是日本电影大师黑泽明导演的日式“西部片”，其中，武士与山贼决战桥段堪称剧情的高潮。击退山贼是村庄之所以聘请七武士的理由，也是七武士践行诺言、彰显武士道精神、为信仰和荣誉而战的最后机会。为了保卫村庄，武士勘兵卫率领其余的武士和众村民准备与山贼决一死战。

这个段落从战旗开始到战旗结束，在6分钟时间内，用了100多个镜头，平均每个镜头3.6秒时间，同平均每秒一个镜头的现代武打段落相比，该段落的镜头切换速度并不快，动感的形成主要依赖场面调度和镜头的移动。暴雨、泥浆、马蹄声、厮杀声交织在一起，把一场乡村保卫战渲染得惊心动魄。

该段落在编辑上有以下几个特点：

1.完整地交待战斗过程

山贼进犯与武士率领村民反击，构成了矛盾冲突的敌我双方，展示双方的矛盾冲突是段落剪辑的基本出发点。敌方进犯、我方迎击、双方交战，这是三个基本的动作环节。

1

2

3
4
5
6
7
8
9
10

首先是“我”方的战前动员，鼓舞士气。之后是战斗总指挥堪兵卫布置战术，颇有几分大将风度。在交战阶段，又分几个回合进行剪辑，有进攻，有迎击，有交战，并不是一锅粥似的混战。

前3个镜头是武士与村民严阵以待的场面，第4个镜头为山贼来袭。之后，为敌对双方的交叉剪辑，通过交叉剪辑，营造战斗的紧张气氛。大家注意看截图5和截图10两个镜头，相同的人物，相同的景别，表现出武士首领临危不惧、沉着应战的大将风范。

2.营造惊心动魄的战斗气氛

判断动作段落编辑的成败，主要看是否有动感，是否吸引眼球。黑泽明不愧是电影大师，他给决战环境笼罩上暴雨的氛围，这是冷兵器时代渲染战争场面的最好装饰品，那个时代的战争没有战火硝烟，不能使用烟火效果，风、雨、月色是最好的装饰。

右图是导演黑泽明在菊千代“壮烈牺牲”一场戏中指挥降雨的场面。

以下是雨中（人工造雨）备战的镜头截图：

（1）通过景别变换营造动感

远景的进攻，近景的格斗，全景的围攻，脸部与腿部的特写，不断变换的景别，展现了一个立体的战斗场景。

以下是交战中的一组镜头截图：

1. 围剿山贼

2. 战马腿部特写

3. 菊千代刺杀山贼

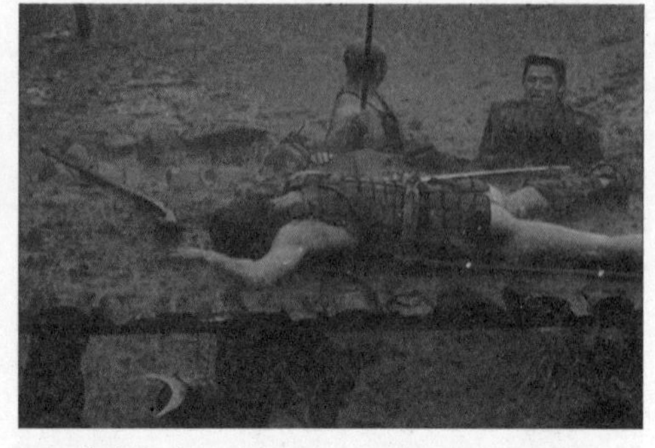
4. 菊千代战死沙场

既有全景的厮杀（截图1），又有局部特写（截图2）；既有刺杀的小全景（截图3），又有武士战死的悲壮（截图4）。其中，特写镜头的穿插使用，增强了搏杀的动感，营造出战斗的紧张气氛。

（2）动作动感与镜头移动

一方面，在固定拍摄的镜头中，是动感极强的刺杀、攻击，或者逃跑。为了增加动势，摄影师用移动的马腿和激溅的水花为前景，动静结合，相得益彰。

另一方面，通过镜头移动形成动势，该段落的镜头以横移为主，跟拍战斗中的人，配合剧情，强化冲突，吸引观众的眼球。

（3）通过情感的迸发营造动感

里边有调侃引发的大笑，有大战来临前的紧张，有誓死迎敌的豪迈，有惊恐的妇女的大叫，有失去战友的悲怆……所有的情感在激战中得到宣泄。

影片于混战之中，表现战斗细节，武士首领岛田勘兵卫放箭（截图1），山贼应声倒地（截图2）。

1. 武士首领放箭

2. 山贼应声倒地

发现山贼，躲藏在房子里的村民惊恐万分（截图3），山贼露出狰狞的面容（截图4）。与上一组镜头一样，前后镜头之间，形成因果上的呼应关系。

3. 惊恐的村民

4. 山贼

武士菊千代杀死山贼后壮烈牺牲（截图5），面对战友的死去，武士胜四郎悲痛欲绝（截图6）。

5. 菊千代战死

6. 胜四郎悲痛欲绝

无论剧情还是剪辑手法，该段落都彰显出黑泽明的大师风范。雨中的决战不仅有流血牺牲，还有诸多感人的细节，特别是最后的台词——“我们又活下来了”，凝聚了黑泽明大师对武士道精神的深刻思索。

3.剪辑节奏张弛有度

战斗开始前，镜头节奏沉着。激战阶段，镜头的剪辑节奏逐渐加快。随着剧情的变化，剪辑节奏张弛有度。

欣赏完了黑白艺术的《七武士》再来看看炫彩的《英雄》。

案例3：《英雄》

导演：张艺谋

上映时间：2002年

获奖情况：香港电影金像奖（2003年）最佳视觉效果、最佳摄影等七项大奖

由张艺谋执导、杜可风摄影的《英雄》，在上映前就引来不少的议论，且不论其艺术成就的高低，有几点是不容否定的，那就是镜头之唯美和剪辑之精巧。在《英雄》中，有三场打斗戏，分别是无名与长空棋馆之战、飞雪与如月胡杨林一战、无名与残剑湖心一战，三场戏给人不同的感受。我们以“飞雪与如月之战”为例，看看《英雄》的段落编辑技巧。

该段落自大全景——胡杨林中的如月开始，至大全景——如月倒在血色胡杨林中结束，在5分多钟的时间里，用110多个镜头（镜头有长有短，平均时长不足3秒），演绎了一段精彩的生死对决。我们用美轮美奂来形容这个段落，一点都不为过，这也应了导演张艺谋的预言：“它确实很独特，不是老王卖瓜，它的视觉、它的故事，还有讲故事的方法，它的声音还有它的音乐等等都有独特性。我想，过几年后跟你说《英雄》，你会记住这些颜色，比如在漫天的黄叶里有两个红衣女子在飞，像这样的画面肯定会给观众留下深刻的印象，这也是我觉得自豪的地方。”

飞雪和如月都与残剑有着很深的感情。飞雪与残剑曾山盟海誓，然而残剑却背叛了当初的盟誓，不管是什么理由，飞雪都不能接受。为了刺秦，她要先刺残剑。再来了解如月。如月作为残剑的仆人，一直暗恋着残剑，只是残剑却从未注意过身边那双炽热的眼睛里蕴含的凄楚的目光。如月并不奢望残剑爱上她，只希望残剑能从飞雪那里得到幸福，只希望自己能一辈子守候在残剑的身旁。不幸的是，飞雪杀死了残剑！不管是什么理由，如月都不能接受这样的现实，为了报仇，如月不惜决战飞雪。为了残剑，为了一个“情”字，如月和飞雪在胡杨林中的厮杀如箭在弦，不得不发。

为了表达这样的内容，影片是怎样剪辑的呢？

1.把刀光剑影的交锋，变成飞雪和如月的武术舞蹈

开始，先用交叉剪辑的手法，以大全景来呈现飞雪和如月的对峙。之后，是飞雪的逃避。面对如月的咄咄逼人，不想交手的飞雪选择了逃离，这时候多用横移镜头，展现飞雪躲避时的飘逸。决斗心切的如月割下了飞雪的衣角和一缕头发，这个头发的特写成了决斗情绪的转折点，摄影师仰拍如月的腾空而起和千斤压顶般的刺下，飞雪只好拔剑应对，这个片段的俯仰剪辑是整个段落的“跳跃”部分。之后，是飞雪的剑气如风，剑气携带着片片红叶，扑向如月，本来是短兵相接的厮杀，变成了禅意的较量，并以剑锋上的一滴鲜血交待了两人较量的结果。最终，这一滴鲜血又演化成如月眼中的血色胡杨林。

交战双方，你追我赶，你来我往，短兵相接。轻重疾徐的动作，抑扬顿挫的节奏，尽展中国武术的精神气韵。如果不是那一滴象征死伤的鲜血，一场生死对决，倒像是一场武术表演。

以下是该段落的截图：

剪辑节奏的把握十分到位，有疾有徐，有抑有扬，有顿有挫，辗转腾挪之间，尽显音乐的韵律。落地为“抑”，腾空为“扬”，剑锋滴血为“顿”，蹬踏树干为“挫”。有拔剑之“疾”，有凌空飞舞之“徐”，抑扬顿挫，轻重疾徐，张弛有度。

整个段落，犹如书法家挥毫泼墨，一会儿横向挥洒，一会儿上下翻飞。有凝重的点画，有凌厉的钩提，有洒脱的撇捺。墨色分浓淡枯湿，动作有抑扬顿挫。真力内充，行云流水。

2.声音剪辑十分合理

贯穿段落的声音是如月的喊声。如月的喊声，一方面可以表现她为情而战的急切心情，另一方面也起到了渲染激战气氛的作用。飞雪方面几乎没有声音，只有拔剑的声音和几句简短有力的对白。譬如：段落开始的“我不跟你动手，走”和段落中间的“你既然找死，我成全你”，话虽不多，但很有力度。另外，树叶的声音和配乐则很好地配合了对决的情绪。

3.用多变的视角拓展视觉空间

(1)利用仰视、俯视、平视，塑造三维立体空间。

如月腾空为仰角镜头，而飞雪应战为俯拍镜头，俯仰之间，空间得到拓展。

飞雪出剑为俯拍镜头，如月腾空为仰拍镜头。俯仰之间，杀气逼人。

俯视与仰视，视角的变化，给观众提供了多个观看角度，而不仅仅是水平视角的旁观者，这恰恰是影像的魅力所在。

（2）利用推摄与跟摄，引起注意，起到强调作用。比如，跟拍飞雪的镜头。

镜头移动的效果是：飞雪始终在构图的中心，而晃动的是原本静止的树干，这种视觉的颠倒更增加了飞雪的飘逸洒脱。

4.色彩起到了很好的装饰效果

张艺谋是色彩大师，从《黄土地》的"黄"，到《红高粱》的"红"，再到《老井》的冷色调。色彩，是张艺谋电影风格化的造型元素。色彩与场景选择、服装道具、摄像机黑白平衡调整等前期拍摄有关，也与后期剪辑过程中的调整有关。

首先，张艺谋把拍摄地选在了内蒙古自治区最西端的额济纳。额济纳最具魅力的是金色的胡杨林，大片的胡杨树经历了炎热的夏季之后，茂密的树叶会在大漠秋风的抚摸中悄悄地变成金黄色。在漫天的黄叶之中，是飞雪和如月舞动的红纱，这漫天的黄叶与《七武士》决战段落的人工降雨有异曲同工之妙，都有力地渲染了剧情。

浓郁的色彩，飘逸的身影。美轮美奂的胡杨林中，流淌着中国武术的浓浓诗意。

其次，在后期剪辑阶段，对色彩也进行了处理，伴随着如月的倒下，金黄色的胡杨林，渐渐变成了血红色。

案例4：《阿凡达》

导演：詹姆斯·卡梅隆

上映时间：2009年

获奖情况：第82届（2010年）奥斯卡金像奖最佳艺术指导、最佳摄影、最佳视觉效果奖；第67届（2010年）金球奖最佳导演、最佳影片奖

《阿凡达》是导演卡梅隆继《泰坦尼克号》之后的又一力作，我们看看其中死神兽追逐杰克·萨利 (Jake Sully) 的段落是怎样剪辑的。

以下是该段落的截图：

这个段落自杰克·萨利转身逃走始，至他坠入深渊止，大部分镜头为迎面拍摄的全景。杰克在前，死神兽在后，利用强弱对比，制造紧张气氛。当杰克躲进树洞后，多用交叉剪辑的手法，死神兽的抓扑与杰克的回击，形成扣人心弦的呼应关系。另外，该段落还大量使用摔镜头，并配合紧张的音效，渲染追逐的气氛。

【小结】

动作段落是影像作品最重要的组成部分，关系到作品的成败。段落编辑一般要遵循以下几个原则：

（1）动作的呼应。将矛盾冲突的双方交叉剪辑，形成动作的呼应关系。譬如在《七武士》中，山贼的进攻与武士的迎战形成呼应；在《阿凡达》中，杰克的逃跑与死神兽的追击形成呼应。

（2）平行蒙太奇的时空一致性。运用交叉剪辑手法构成平行蒙太奇，一定要注意时间与空间的协调与连贯。譬如《党同伐异》中，平行发展的两条线索：一条是工人走上断头台，一条是工人妻子的紧急营救。两条线索平行发展，最终在高潮部分交汇。

（3）讲究镜头节奏。随着剧情发展，剪辑节奏应做到张弛有度。譬如《七武士》决战段落的剪辑。

(4) 注意视角与景别的变化。不断变换视角和景别，拓展视觉空间。如《英雄》中飞雪与如月决斗段落的编辑。

(5) 重视声音、色彩的装饰效果。如上述《七武士》《英雄》的相关段落。

(6) 重视反应镜头的使用。如果动作段落的场景中有旁观者，可在动作镜头中间插入旁观者的反应镜头，增加视觉效果，同时为压缩影片时间提供可能。

第二节　对白段落

1927年10月16日，纽约百老汇剧院正在放映《爵士春秋》，突然，剧院里传出了阿尔·乔尔森的歌声。第一首歌曲之后，他还随口说了两句台词：“等一会儿，等一会儿，我告诉你，你不会什么也听不到。”就这样，历史上的第一部有声电影诞生了，它不同于以往的电影，剧中不光有配乐，剧中人物也开始发出声音。

中国第一部有声电影当属上海明星公司拍摄的《歌女红牡丹》，它的上映比《爵士歌王》晚了四年时间，片中除了对白，还插入了《穆柯寨》《玉堂春》《四郎探母》等四段京剧片段。

同早期的《爵士歌王》一样，电影的声音与画面是两套系统播放的，声音存储在腊盘上，尚不能与画面同步录制。并且，除了演唱和对白，其他部分是静悄悄的，这是早期有声电影的通病。

声音的出现，大大丰富了电影的表现手段，并迅速成为一种潮流。虽然在发展过程中，曾遭到一些人的抵触，比如无声时代的巨星卓别林，但任何人都无法阻挡它前进的脚步。

伴随着录音设备的不断完善，同期声成为与画面相同分量的电影表现手段。同期声包括对白和现场声，是前期拍摄和后期剪辑阶段重点考虑的因素。对白一方面可以通过语言直抒胸臆，另一方面，可以通过音质、音色、音高等因素刻画人物，传递情感。对声音的传情作用，我们的先人早有论述，如白居易在《与元九书》中说：“感人心者，莫先乎情，莫始乎言，莫切乎声，莫深乎义……上自贤圣，下至愚騃，微及豚鱼，幽及鬼神。群分而气同，形异而情一。未有声入而不应、情交而不感者。”

我们常说，影像是声画并茂的艺术。所谓“声”，包括对白、解说、现场声、配乐、拟音、音效合成等诸多因素。其中，对白无疑是最重要的声音元素。下面，我们分析解剖几个对白段落，看他们是怎样编辑的，发挥了什么作用。

案例1：《泰坦尼克号》

导演：詹姆斯·卡梅隆

上映时间：1997年

获奖情况：第70届（1998年）奥斯卡金像奖最佳影片、最佳导演、最佳音效、最佳摄影等11项大奖

《泰坦尼克号》始终贯穿着一条主线，就是杰克与露丝的爱情，当这段爱情故事铺垫上20世纪最惨重的海难背景后，便具有了慑人魂魄的力量。“泰坦尼克”坠入大海后，杰克与露丝也坠入了痛苦的深渊。在无边的夜幕下，在寒冷的大海上，他们面临着死亡的危险——

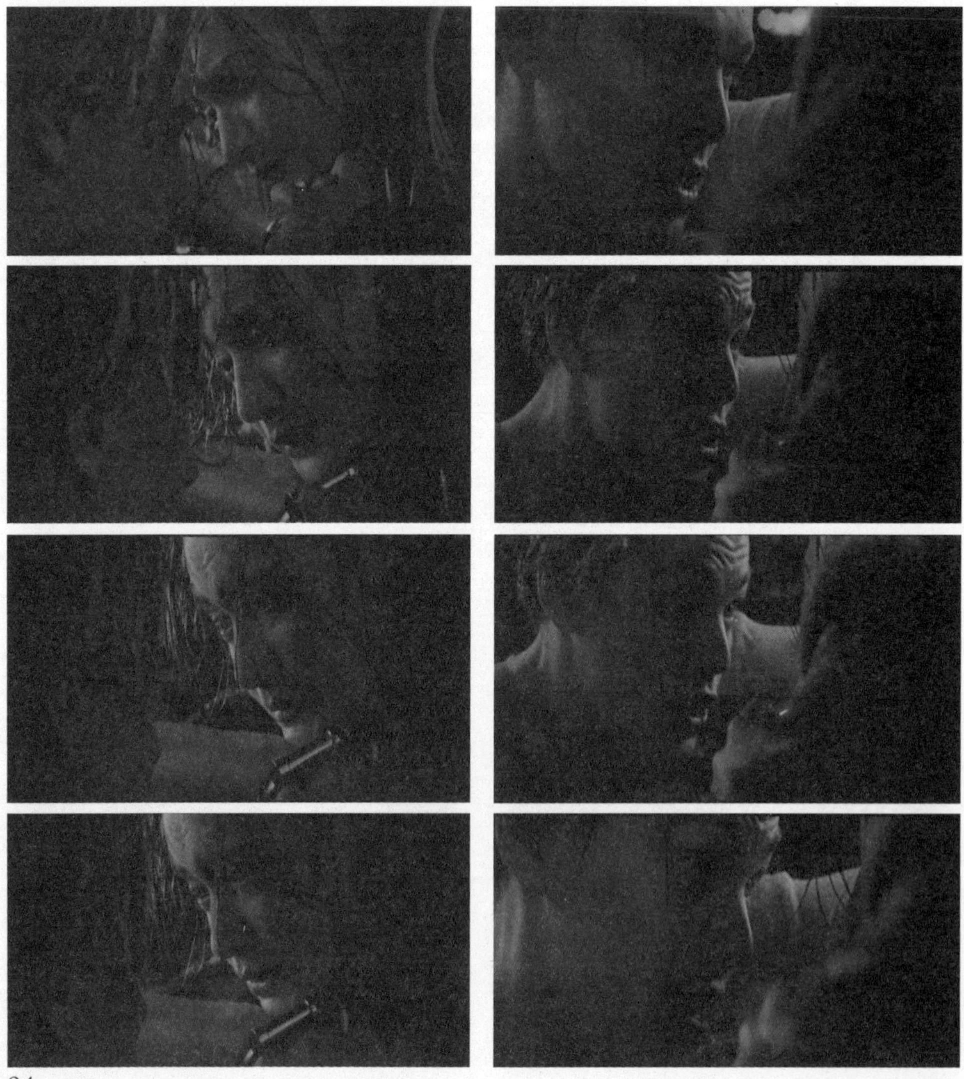

Rose: I love you Jack.

露丝：我爱你。杰克。（露丝当然明白杰克的心意，她用力握着他的双手，两个人的手都已经感觉不出温度了，但是他们知道，手是握在一起的）

Jack: No... don't say your good-byes, Rose. Don't you give up. Don't do it.

杰克：……别这样……没到告别的时候，露丝……没到……不要放弃！（杰克的牙颤抖得厉害，他感觉自己最后一点体温正在消失，生命正悄悄地离开他的躯体。死亡的期限已到，杰克感到了自己的责任）

Rose: I'm so cold.

露丝：我很冷……

Jack: You're going to get out of this... you're going to go on and you're going to make babies and watch them grow and you're going to die an old lady, warm in your bed. Not here. Not this night. Do you understand me?

杰克：（用尽最后的力量郑重地告诉她）……你会得救……会活下去……（他颤抖地喘息着）呃……会生……好多的孩子……看着他们长大……你会长寿……会死在暖和的床上……不是这儿……不是今晚……你懂吗？（他的头已经抬不起来了，海水扑上他的脸，呛了他一下）

Rose: I can't feel my body.

露丝：（被冻得浑身打颤，她眼睛又要闭上）……我身体麻木了……

Jack: Rose, listen to me. Listen. Winning that ticket was the best thing that ever happened to me.

杰克：（已经感到他的时间不多了，他要把话说完，他必须使露丝活下去）露丝，听我说……我赢得船票……是一生……最幸福的事情……

Jack: It brought me to you. And I'm thankful, Rose.I'm thankful.

杰克：我……能认识你……是我的幸运，露丝……我满足了。

Jack: You must do me this honor... promise me you will survive... that you will never give up... no matter what happens... no matter how hopeless... promise me now, and never let go of that promise.

杰克：（艰难地停了一下，又鼓起劲儿说下去）……我还有……还有一个心愿……你必须答应，要活下去……不……不能绝望……无论……发生什么，无论……多么……艰难，……快答应我，露丝……答应我，一定做到……

Rose: I promise.

露丝：……我答应……（露丝失声痛哭起来）

Jack:Never let go.

杰克：……一定做到……（杰克的声音渐渐弱了下去）

Rose:I promise. I will never let go, Jack. I'll never let go.

露丝哭着应道：我一定做到，杰克……一定做到……

在生死关头，杰克把生的希望留给了露丝，他把露丝推上了只能承载一个人的木板，自己则浸泡在冰冷的海水之中。他握着露丝的手，用身体残存的温暖和力量支撑着露丝的生命希望。"我……能认识你……是我的幸运，露丝……我满足了。"在生命的尽头，他的脸上看不出太多的遗憾和不舍，倒多了一份就死的凛然，为了自己心爱的女人，为了让自己的爱人鼓起生的信心，死又何妨。

无法统计这个对白段落曾感动过多少观众，催化出多少伤心的泪水。它再一次验证了在灾难面前人类情感的力量。杰克与露丝，一个是身无分文的流浪青年，一个是富豪贵族的未婚妻，属于两个悬殊的阶层；但无论穷富，无论贵贱，无论高低，只要两颗炙热的心交融在一起，必然会激起爱情的灿烂光华，生发出无穷的感人的力量，纵使最冰冷的海水，也浇不灭他们爱情的火焰。

那么，编辑是怎样营造这种氛围的呢？

1.用声音去触动心灵

之前的段落都夹杂着各种声音，而这段对白的背景却是一片死寂，观众能清楚地听到杰克与露丝的气息，感受到他们身体的每一次喘息。估计没有人去计较环境声音的失真（静到连海浪的声音都听不到），因为两个生命的顽强挣扎，深深地触动着每个人的心灵。

2.用特写展示细节

这段对白从一个虚实变换的小全景开始，到紧握双手的特写镜头结束，在两分多钟的时间内，用了20多个镜头。这些镜头同常规的单人头分切不同，所有的单切镜头都带着对方的半个脑袋，头靠着头，手握着手，人相近，心相连，是爱情的力量，使他们紧紧地靠在一起。

3.用数码特技还原真实场景

两个人讲话和喘息时喷出的“雾气”，完全是电脑制作出来的，非常逼真。据说，拍摄时的水温为28℃，演员的精彩演技加上特技效果，使观众可以通过“雾气”和演员颤抖的声音感受到海面的寒冷，为两个人的命运捏一把汗。

案例2：《教父》*The Godfather I*

导 演：弗朗西斯·福特·科波拉

上映时间：1972年

获奖情况：第45届（1973年）奥斯卡金像奖最佳影片、最佳男主角、最佳改编剧本奖

“教父”维托·柯里昂是美国黑手党的首领，常干一些违法勾当，偶尔也为弱小平民主持公道。在尔虞我诈的生意场上，维托·柯里昂给自己设了一个禁区，那就是从不染指毒品，为此，他得罪了毒枭索洛佐，并引来杀身之祸。伤愈后，他平息了与其他黑手党家族的仇杀。之后，把家族首领的位置让给了小儿子迈克。

影片从一个对白段落开始，在昏暗阴森的客厅里，商人包纳萨拉诉说着女儿的痛苦遭遇，乞求“教父”维托·柯里昂为女儿报仇雪恨。以下是这个段落的精彩对白：

Bonasera：I believe in America. America has made my fortune. And I raised my daughter in the American fashion. I gave her freedom, but – I taught her never to dishonor her family. She found a boyfriend; not an Italian. She went to the movies with him; she stayed out late. I didn't protest. Two months ago, he took her for a drive, with another boyfriend. They made her drink whiskey. And then they tried to take advantage of her. She resisted. She kept her honor. So they beat her, like an animal. When I went to the hospital, her nose was a'broken. Her jaw was a'shattered, held together by wire. She couldn't even weep because of the pain. But I wept. Why did I weep? She was the light of my life – beautiful girl. Now she will never be beautiful again.

包纳萨拉：我相信美国，美国使我发了财。而我，以美国方式教养我的女儿。我给她自由，但也告诉她永远不要有辱家门。她交了个朋友，但不是意大利人。她跟他去看电影，深夜才回家，我并没有责怪她。两个月以前，他与另一个男孩带她去兜风，他们强灌她喝威士忌，然后，他们想占她便宜，她尽力抵抗，保全了自己的清白，所以他们毒打她。我去医院，看到她的鼻子都破了，下巴被打得脱臼，痛得她都不能哭，但我却哭了。我为什么哭呢？她长得如此漂亮，我视她如珍宝，可现在她再也漂亮不起来了。

Bonasera: Sorry...

包纳萨拉：不好意思……

Bonasera: I – I went to the police, like a good American. These two boys were brought to trial. The judge sentenced them to three years in prison – suspended sentence. Suspended sentence! They went free that very day! I stood in the courtroom like a fool. And those two bastard, they smiled at me. Then I said to my wife, "for justice, we must go to Don Corleone."

包纳萨拉：我……我像个守法的美国人一样，去报警。那两个男孩受到了审判，法官判他们有期徒刑三年，但是缓刑。缓刑！他们当天就没事了！我像傻瓜一样站在法庭中，那两个混蛋竟朝着我笑。于是，我对太太说："为求公道，我们必须去找柯里昂阁下。"

Vito Corleone: Why did you go to the police? Why didn't you come to me first?

柯里昂：你去报警前为什么不先来找我？

Bonasera: What do you want of me? Tell me anything. But do what I beg you to do.

包纳萨拉：你要我怎样？尽管吩咐。但求你一定要帮我这个忙。

Vito Corleone: What is that?

柯里昂：帮你什么？

Bonasera: That I cannot do.

柯里昂：那个，我做不到。

Bonasera: I'll give you anything you ask.

包纳萨拉：你要什么我都会给你。

Vito Corleone: We've known each other many years, but this is the first time you came to me for counsel, for help. I can't remember the last time that you invited me to your house for a cup of coffee, even though my wife is godmother to your only child. But let's be frank here: you never wanted my friendship. And uh, you were afraid to be in my debt.

柯里昂：这是你第一次来找我帮忙，记不得你上次是什么时间请我到你家去喝咖啡了，何况我太太还是你独生女的教母。我坦白说吧，你从未想要我的友谊，而且你怕欠我人情。

Bonasera: I didn't want to get into trouble.

包纳萨拉：我不想卷入是非。

Vito Corleone: I understand. You found paradise in America, had a good trade, made a good living. The police protected you; and there were courts of law. And you didn't need a friend of me. But uh, now you come to me and you say – 'Don Corleone give me justice.' – But you don't ask with respect. You don't offer friendship. You don't even think to call me Godfather. Instead, you come into my house on the day my daughter is to be married, and you uh ask me to do murder, for money.

柯里昂：我明白。你在美国发了财，生意做得很好，有警察和法律保护你，你不需要我这种朋友。但是，你现在来找我说，柯利昂阁下，请帮我主持公道，但你对我一点尊重都没有，你并不把我当朋友，你甚至不愿喊我教父，你在我女儿结婚当天来我家，用钱收买我为你杀人。

Bonasera: I ask you for justice.

包纳萨拉：我只是求你主持公道。

Vito Corleone: That is not justice; your daughter is still alive.

柯里昂：这不是公道，你女儿还活着。

Bonasera: Then they can suffer then, as she suffers.(then) How much shall I pay you?

包纳萨拉：那么，让他们像她一样受折磨，我应该付你多少钱？

Vito Corleone: Bonasera... Bonasera... What have I ever done to make you treat me so disrespectfully? Had you come to me in friendship, then this scum that ruined your daughter would be suffering this very day. And that by chance if an honest man such as yourself should make enemies, then they would become my enemies. And then they would fear you.

柯里昂：包纳萨拉！包纳萨拉！到底我做了什么，让你这么不尊重我？如果你以朋友的身份来找我，那么伤害你女儿的杂碎，就会受到折磨。你这种诚实人的敌人，也就是我的敌人，那么，他们就会怕你。

Bonasera: Be my friend.Godfather?

包纳萨拉：当我的朋友，教父！

Vito Corleone: Good.Some day, and that day may never come, I'll call upon you to do a service for me. But uh, until that day – accept this justice as a gift on my daughter's wedding day.

柯里昂：很好。他日，我或需要你的帮忙，也可能不会有这么一天，但在那一天到来之前，收下这份公道，作为小女结婚之礼。

Bonasera: Grazie, Godfather.

包纳萨拉：谢谢！教父。

Vito Corleone: Prego.Ah, give this to ah, Clemenza. I want reliable people; people that aren't gonna be carried away. I'm mean, we're not murderers, despite of what this undertaker says.

柯里昂：别客气。这件事交给克里曼沙，我要用可靠的人，头脑清醒的人。我们不是谋杀犯，下手别太重。

以下是该段落的截图：

1

2

3
4
5
6
7
8
9
10

据说，该片最初的设计是：从婚礼开始，引出主要人物，后来有人建议导演科波拉，要像《巴顿将军》一样，有一个非同寻常的开头。科波拉采纳了这个建议，他从小说中找到了包纳萨拉寻求“教父”帮助的故事，他认为这符合美国当时的国情。包纳萨拉作为一个诚实的意大利裔商人，相信美国的法律，守法经营，但法律有时候不能给他提供帮助，他只能乞求“教父”柯里昂这样的人出面为他主持公道。

这段时长超过6分钟的对白，在整部片子中一点都不显得拖沓，既交代了“教父”存在的社会基础，又刻画了一个阴沉睿智的黑手党领袖形象，吸引着观众去探究黑帮老大及其家族的方方面面。

在剪辑上，有以下几点值得借鉴：

1.镜头切换十分到位

该段落从包纳萨拉的特写开始，慢慢拉出柯里昂的过肩镜头。干净利落的特写，加上阴暗的背景，为观众营造了一个神秘的、有悬念的开头。这个慢拉镜头足足用了3分钟时间，以现在的摄像技术，不足为奇，可在当时的摄录条件下，却很难实现。为了这个慢拉镜头，摄制组专门设计了电脑程序，以便使镜头的拉摄速度做到极其缓慢。镜头的结尾是包纳萨拉走过来与柯里昂耳语，背面的柯里昂以及这个耳语动作，吊足了观众的胃口。

紧接着，用了一个反打镜头（截图9），观众终于看清了“教父”柯里昂的真面目。第3个镜头是客厅的全景（截图10），交待了人物所处的环境。这样的剪辑思路不同于同常规的剪辑套路，即从全景开始，全景交待环境，然后是中景交待关系，最后是特写展示细节。从特写开始的剪辑有利于营造悬念。

之后，镜头的切换是根据剧情的需要，在两个人的中景、客厅全景和反打镜头之间调度，值得一提的是包纳萨拉那个低头亲吻的动作，摄像机的视角以及反打镜头的无缝对接，有力地展示了两个人的不对等关系（截图11、截图12）。

11

12

“教父”的威严与强势与乞求者包纳萨拉的弱势形成了鲜明的对比。“教父”有多重人格，既是不可一世的黑帮老大，又是一个慈祥的父亲，一个充满爱心的丈夫。那个手捧猫的中景镜头，可谓导演的神来之笔，剧本中并没有这个环节。在拍摄现场，导演发现了这只猫，也知道演员白兰度喜欢孩子和动物，于是猫成了临时道具。

白兰度喜欢上了这只猫，猫也恋上了他。这个生活化的情景，对刻画“教父”的性格，起到了很好的作用，既反映了“教父”富有爱心的一面，也彰显出“教父”面对报复请求时的淡定（截图13、截图14）。

13

14

2.光影造型与色彩基调

在这个段落之后是欢快的婚礼场面，这两个段落在光影和色彩使用上形成了鲜明对比。室内是阴暗的色调，一个不可告人的交易正在进行；室外则是阳光明媚，舞姿翩翩，笑语欢声。

室内的布光以顶光为主，人物的眼睛处在顶光的阴影中，显得阴森恐怖，深不可测。白兰度的演技也比较到位，低缓的声音，沉着的举止，威严的面容，一派大佬风度。

3.声音的魅力

正如《乐记》中所说：“是故，其哀心感者，其声噍以杀；其乐心感者，其声啴以缓；其喜心感者，其声发以散；其怒心感者，其声粗以厉；其敬心感者，其声直以廉；其爱心感者，其声和以柔。”声音在对白中发挥着重要作用，台词是对白段落的主体，声音、动作（即肢体语言）是对白的重要装饰。在《教父》开场这个对白段落中，包纳萨拉的悲伤、气愤、急切，柯里昂的低沉、和缓、自信，都有力地刻画了人物形象。

案例3：《低俗小说》

导演：昆汀·塔伦蒂诺

上映时间：1994年

获奖情况：第47届（1994年）戛纳国际电影节金棕榈奖

《低俗小说》中有这样一个对白段落：在一个僻静的酒吧里，黑帮老大马沙拉与拳击手布奇做交易。马沙拉要求布奇在下一场拳赛里故意输给对手，这样他就能得到一笔不薄的收入，布奇不情愿地答应了。

Marsellus (O.S.): I think you're gonna find – when all this shit is over and done – I think you're gonna find yourself one smilin' motherfucker. Thing is Butch, right now you got ability. But painful as it may be, ability don't last. Now that's a hard motherfuckin' fact of life, but it's a fact of life your ass is gonna hafta git realistic about. This business is filled to the brim with unrealistic motherfuckers who thought their ass aged like wine. Besides, even if you went all the way, what would you be? Feather-weight champion of the world. Who gives a shit? I doubt you can even get a credit card based on that.

马沙拉：我看，你会发现，当事情获得解决，自己会是个开心的人。问题是，屠夫，现在，你有能力，虽然难以接受。能力不会持久，而你的日子也快成过去，那是生活的现实，那是你要面对的现实。这一行有许多不实事求是的人，那些混蛋以为能像酒一样变成陈酿，如你指望他，会变酸，是的，如你指望它随年纪而变好，那是不可能的。而且，你认为自己能打多少场拳赛，两场？拳手没有过气拳手赛的，你差点功成名就，但力有不逮。若你想成名，你要在力气衰退之前做到。

[A hand lays an envelope full of money on the table in front of Butch. Butch picks it up.]

（布奇前面的桌子上放着一个装满钱的信封，他拿了起来）

Marsellus (O.S.): You my nigger?

马沙拉：你会服从我吗？

Butch: Certainly appears so.

布奇：看来是的。

Marsellus (O.S.): Now the night of the fight, you may fell a slight sting, that's pride fuckin' wit ya. Fuck pride! Pride only hurts, it never helps. Fight through that shit. 'Cause a year from now, when you're kickin' it in the Caribbean you're gonna say, "Marsellus Wallace was right."

马沙拉：拳赛当晚你会感到有点刺痛，那是你受挫的自尊，别担心自尊，自尊只会受挫，但却没有帮助。你试图克服这种恶劣的感受，因为，一年后，你在加勒比海过着悠游的生活时，你会对自己说，马沙拉说得对。

Butch: I got no problem with that.

布奇：这个，我没问题。

Marsellus (O.S.): In the fifth, your ass goes down.

马沙拉：在第五回合，你便会被击倒。

(Butch nods his head: "Yes.")

[布奇：（点头）]

Marsellus (O.S.): Say it!

马沙拉：说吧！

Butch: In the fifth, my ass goes down.

布奇：在第五回合，我便会被击倒。

这个时长1分钟的对白段落，只有3个景别：前46秒，一直是布奇的近景，直到递完钱以后，才出现了马沙拉的背影（中景），最后是布奇的头部特写。观众始终看不到马沙拉的正面形象。这个黑帮老大长什么样？除了肥头大耳、耳环和后脑勺上的那块创可贴，我们不得而知。但别担心，这种曲径通幽的表现手法，同样会产生很强的视觉冲击力，因为我们可以从马沙拉的语调、坐姿和一波三折的递钱动作中，感受到黑帮老大的自信、老辣和强势。

【小结】

对白是影视作品最重要的表现手段之一，无数经典对白段落深深感染着观众的心灵。作为影像编辑，要重视对白段落的编辑，利用精彩的对白，更好地表情达意。

对白段落的基本剪辑规律是：

（1）三个基本镜头，即对白双方的小全景或中景、对白双方的单切镜头（近景或特写）。

比如：①全景或中景：A+B。②A的近景或特写。③B的近景或特写。

（2）交叉剪辑，形成交流的态势。

表现为：A说+B说、A对B说（小全景或中景）、A说+B听、B说+A听。一般是谁说“切”谁。也可以一方说，“切”另一方听的镜头，有人称这种镜头为“反应镜头”，形成对白的呼应关系。

（3）在对白中加入相关的镜头。

对白剪辑中，可适当加入相关的镜头，这种镜头可能是谈话现场的某个事物，也可以是与谈话内容相关的事物。

第三节　闪回与闪前

段落编辑中的闪回和闪前，主要指人物的心理活动，借以表现人物的心理状态和情感变化。与《影像编辑章法》中的闪回、闪前不同，章法中的闪回类似于倒叙或者回忆，是影片的结构方法。而段落中的“闪回”是对过去发生的事情的回忆，“闪前”则是对未来的畅想，两者又可统称“闪念”，闪念的使用对推进剧情十分有益。

案例1：《老枪》

导演：罗伯特·安利可

上映时间：1975年

获奖情况：第一届法国电影恺撒奖最佳影片、最佳男演员、最佳电影音乐奖

这部拍摄于20世纪70年代，由罗伯特·安利可执导、伊娃·卓拉剪辑的反法西斯电影，没有宏大壮阔的战争场面，不靠战争的惨烈刺激观众的视觉，而是通过一个鲜活的个案来叙写战争的残酷和平民的抗争，用感同身受的情景打动观众的心灵。导演大量采用闪回场景，将主人公于连记忆中的美好生活同残酷的现实场景形成鲜明的对比：一方面是色彩黯淡阴冷、充满血腥暴力的现实世界；一方面是色彩明丽、洋溢着生活情调的心理世界。两个交替呈现的时空，形成了强烈对比，真实再现了于连的内心世界，也激发起人们对法西斯暴行的憎恨。

《老枪》的第一次“闪回”是于连看到女儿和妻子尸体后的一段情景再现。女儿被残杀，妻子被喷火枪烧成了木炭，于连的这段“想象”反映了他此时此刻的心理活动，也坚定了他复仇的决心。

当于连再次回到教堂时，看到横七竖八的尸体，悲愤至极，他拽起凳子砸碎了神像。这时候，第二次“闪回”出现了——

这个段落包括两部分：前半部分是女儿和妻子在教堂时的情景，后半部分是于连与妻子的生活情景。现场的悲惨和记忆中的美好形成了强烈对比，复仇的火焰熊熊燃烧起来。

于连找出了老枪，在擦拭老枪的时候，出现了第三次“闪回”，想起了妻子和快乐的乡村聚会。

装子弹的时候，于连触景生情，想起了与爷爷打猎的情景，这是第四次“闪回”。

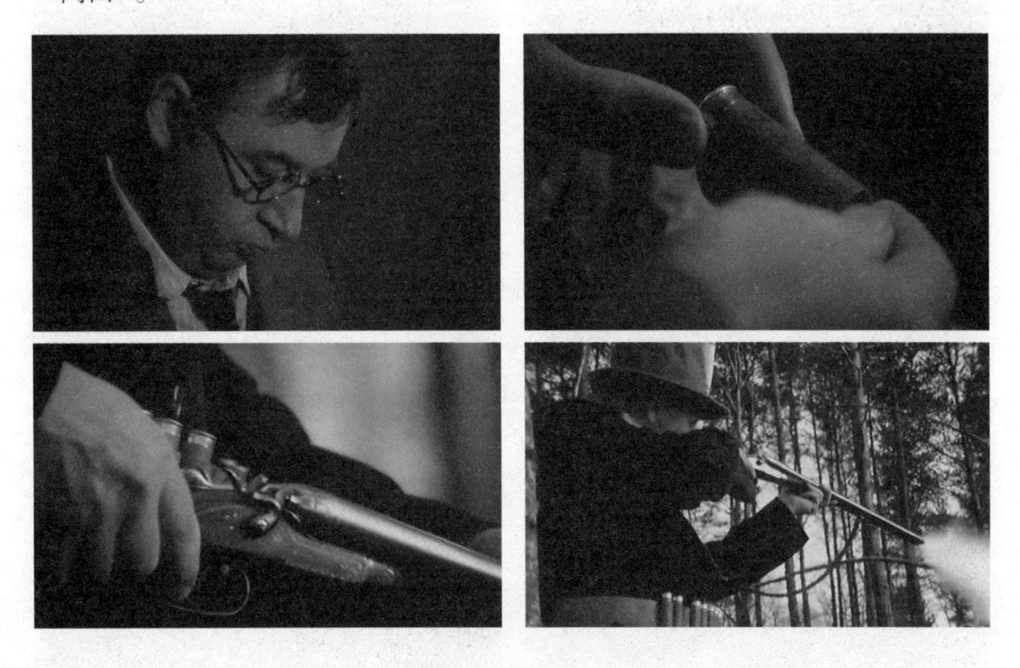

无所事事的德军从于连的古堡里找到了摄影机，播放了于连一家1939年夏天在海边度假的一段影像。藏在镜子后面的于连通过这段影像，又想起了家庭生活的点点滴滴，想起了漂亮的妻子和可爱的孩子，这是第五次“闪回”。

夜幕中，于连怀抱老枪伺机复仇，这时候，女儿受到学校表彰的情景和一家三口的快乐时光再次映入脑海，这是全片的第六次和第七次“闪回”。

第八次“闪回”是一句话，当于连举枪准备射击的时候，耳边回响起妻子的一句话：“于连，你不是早就想要个孩子吗，要生个儿子就叫他戴维特吧。”

于连受伤后，回到了昔日的客厅，当年在客厅的一幕映上心头——他正在焦急地等待妻子的归来，妻子和孩子终于回来了，还带回一只无家可归的狗，这是第九次“闪回”。

第十次“闪回”出现在客厅藏匿时，躲在镜子后面的于连想起了自己与妻子第一次见面时的情景。

片子的结尾，乘车行驶在大路上的于连回想起与妻子、女儿在林荫大道骑行的场景，这个段落与序幕部分形成呼应，可以看作是全片的第十一次“闪回”。

第十一次“闪回”，没有按照时间顺序编排，全部是于连触景生情的产物，第十一次“闪回”连缀起于连对妻子、女儿的美好回忆，以及家庭生活的点点滴滴。从这十一次“闪回”里，我们看到了残酷的战争给于连带来的心灵创伤，每一次“闪回”都是对德寇暴行的控诉，每一次“闪回”都意味着一次仇恨的累积，他要用“老枪”为死去的妻子、女儿报仇。

平凡中见伟大，平凡中见真情，平凡中见证感动的力量，无论从哪个角度看，《老枪》都堪称20世纪70年代“意识流”电影的杰作。

案例2、《广岛之恋》

导演：阿伦·雷乃

上映时间：1959年

获奖情况：第12届(1959年)戛纳电影节国际评委会大奖

《广岛之恋》无疑是非常另类的影片：一是其叙事结构很特殊；二是思想内容很晦涩。唯一值得称道的是“闪回”手法的运用。通过不断地“闪回”，导演把“现在时”的婚外恋和“过去时”的初恋交织在一起，展现了两个迥异的时空。一个是1959年的广岛，一个是1944年的法国乡村涅维尔。

第一次“闪回”出现在两个人缠绵之后，法国女人从室外回到室内，看到酣睡的日本男人的手，联想到了15年前，她的德军情人临死前的样子。这个突然插入的3秒钟左右的画面，打破了平缓的叙事节奏，给观众留下了一个悬念：这个男人是谁？与女人有什么关系？另外，这个突然插入的画面在故事结构上也很重要，它开启了另一条叙事线，沿着这条线，影片断断续续介绍了在法国涅维尔发生的女主人公与德国士兵初恋的故事。

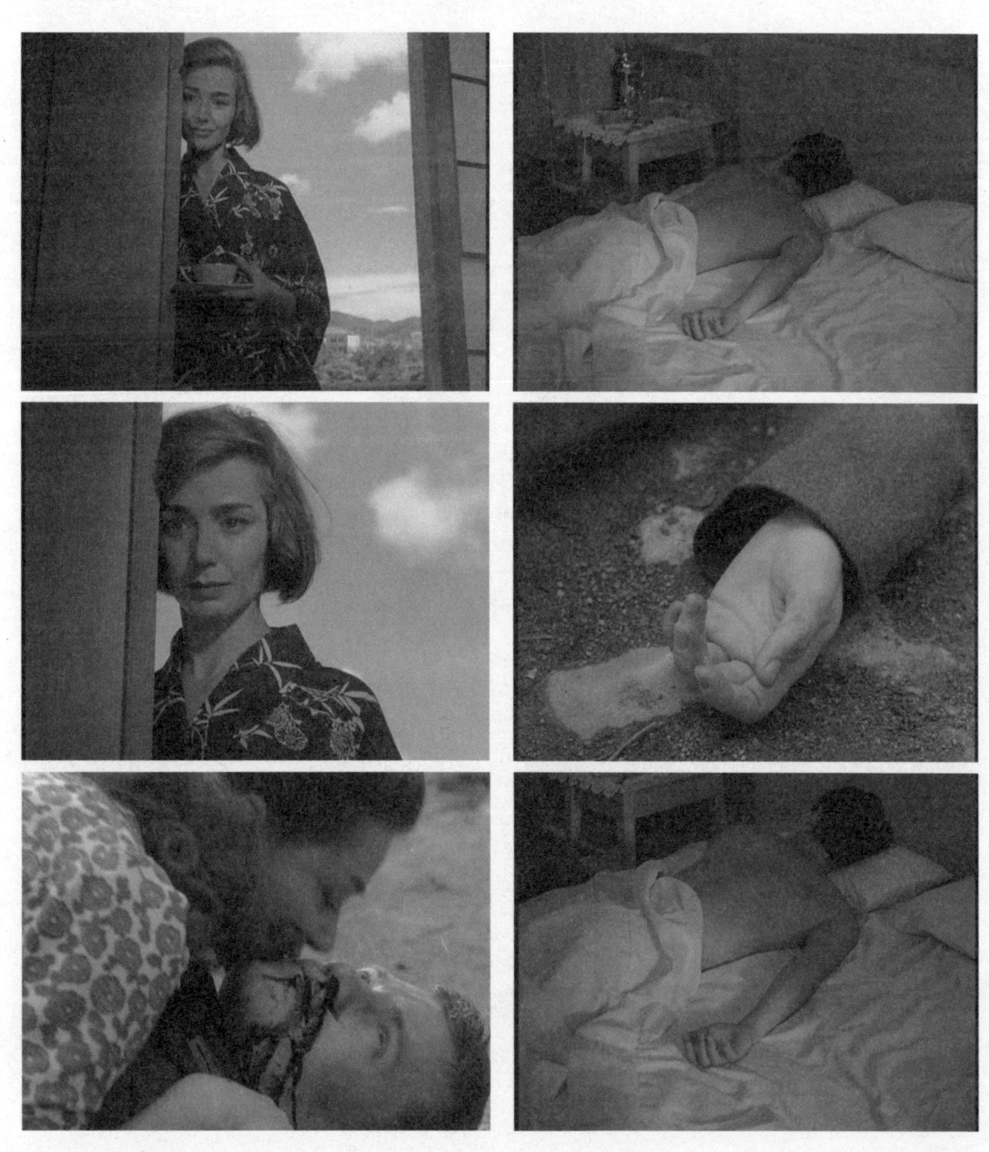

之后的“闪回”不同于《老枪》的触景生情的“闪念”，而是杂乱无章的回忆，这里边有涅维尔的乡村景象，有与德军士兵的青涩初恋，有被剪发和关入地窖的痛苦回忆，有逃离村庄的解脱……这些记忆碎片，经过观众的思维拼接，勾勒出了一段完整的初恋故事。

法国新浪潮电影代表人物雅克·里维特曾这样评论《广岛之恋》：“此片的构思相当了不起，是一次将碎片串掇在一起的尝试。在女主人公的心灵深处，将她本人和她意识中的不同元素重新组合起来，以便使这些碎片（至少是她意识中的广岛相会撞击成碎片的东西）形成一个整体。”

【小结】

“闪回”与“闪前”段落是“过去时”场景在人物内心的呈现，是人物心理活动的产物。在编辑手法上，它不同于动作段落、对白段落“进行时”场景的编辑，具有灵活、自由、概括的特点。

（1）不必拘泥于镜头组接的常规原则，如方向性原则、连续性原则等，可以根据人物的心理活动自由组接。

（2）镜头可多可少，可以是一个镜头，如：《广岛之恋》的第一次“闪回”——德国士兵临死前的中景镜头；也可以是一句话，如《老枪》的第七次闪回——于连的妻子说：“于连，你不是早就想要个孩子吗？要生个儿子就叫他戴维特吧。”还可以是一组镜头，如《老枪》中的多次“闪回”段落。

（3）“闪回”段落不一定按照时间顺序或空间结构去编辑，但这些“闪回”的碎片，最好能拼接成较完整的故事。如《老枪》，影片并没有按照时间顺序去组织“闪回”段落，于连与妻子初次见面的“闪回”段落，被安排在了影片的最后部分，这样的编排，一点也不影响观众的思维还原，观众可以通过“闪回”段落的累积记忆，拼接出于连一家的幸福生活。

（4）“闪回”的使用要有利于推进剧情的发展。如《老枪》中的“闪回”段落，对表现于连的心理活动、情感变化发挥了重要作用。每一次“闪回”都是对德寇暴行的控诉，每一次“闪回”都意味着一次仇恨的累积。当于连举枪射杀德军指挥官的时候，剧情也达到了高潮，“以其人之道，还治其人之身”，熊熊燃烧的仇恨之火吞没了最后一个德寇，于连与观众的情绪都得到了酣畅淋漓的宣泄。

第四节 蒙太奇段落

在影像作品中，除了动作段落、对白段落等纪实性段落，还有一些用作交代、总结、过渡、转场的表现性段落，我们称之为“蒙太奇段落”。

在介绍蒙太奇段落之前，我们有必要对蒙太奇的概念作一个界定。“蒙太奇”为法语“Montage”的音译，原为建筑学术语，意思是建筑物的构成、装配。“蒙太奇”一词引入电影艺术后，有三种基本的理解：

（1）在蒙太奇一词的原产地——法国，蒙太奇是指镜头（包括声音和画面）组接的艺术，其意义是非常广泛的，我们所讲的影像编辑都属于这个范畴。

（2）在20世纪20年代的苏联，以爱森斯坦、库里肖夫、普多夫金为代表的电影人对镜头组接进行了大胆的尝试，希望通过剪切重组，使画面产生新的意义，这就是著名的蒙太奇流派。他们的代表人物爱森斯坦认为，镜头组接“不是两数之和，而是两数之积”。在这一理论指导下，他们创作了《战舰波将金号》《母亲》《土地》等电影人必看的经典作品。

（3）英、美等国电影工作者所理解的蒙太奇概念。在他们看来，蒙太奇是一些零散镜头的有机组织，主要用于转场、过渡、交代、总结、抒情等环节,以表现时间的推移、地点的转换等等。

三种理解，各有侧重。从蒙太奇一词的出处上看，第一种理解是最吻合的，而第二种理解早在20世纪40年代就受到电影人的质疑， 法国电影理论家巴赞（Andr Bazin，1918~1958）就是反对者之一。他认为，蒙太奇手法的运用，限制了影片的多义性。他反对导演把自己的观点强加给观众，主张运用景深镜头以及通过场面调度拍摄的长镜头进行创作，以保证空间的完整性和剧情的真实感。在这里，我们不想去评点这些观点的优劣，只是选择最后一种理解，作为段落编辑的理论依据。

我们理解的蒙太奇段落，主要是指一组镜头按照一定的意义，组织成一个段落，在影片中起到交代、总结、转场、过渡的作用。

案例1:《魂断蓝桥》

导演:茂文·勒鲁瓦

上映时间:1940年

《魂断蓝桥》与《卡萨布兰卡》《乱世佳人》并称为“三大经典爱情片”。早在1940年年末,该片在中国上映时,电影院就打出了“山盟海誓玉人憔悴,月缺花残终天长恨!”的广告,对这部影片给予了高度评价。其忠贞不渝的爱情、跌宕起伏的情节、经典的对白、高超的演技、精美的摄影,至今仍为人们所乐道。

片中用一个蒙太奇段落,表现时间的流逝。

当女主角玛拉知道与自己相依为命的凯蒂为生计而卖身时,两个人紧紧地拥抱在一起。之后,影片从玛拉迷茫的眼神叠化出一个蒙太奇段落。失去了朝思暮想的罗依·克劳宁(从报纸上获悉),求职又到处碰壁,心灰意冷的玛拉步凯蒂后尘,也沦落为站街女。按照常规,或者说一些劣质导演的惯常做法,肯定会乐此不疲地用一两个桥段去展示灯红酒绿的场景,表现男欢女爱的糜烂,但导演茂文·勒鲁瓦没有这样做,他不忍心也不可能用这种放纵的生活去毁坏一块美玉,去亵渎玛拉的忠贞,我们看看导演是怎样处理这个情节的。

玛拉走上夜幕笼罩下的滑铁卢桥

望着流淌的河水,思绪万千

(1)用一句“搭讪”式的男声道白来暗示玛拉此时的“站街女”角色。夜幕笼

罩下的滑铁卢桥，波光辉映在桥栏上，玛拉伫立桥边，望着流淌的河水，思绪万千，这时，耳畔响起了一个男人的问候："小姐，今晚天气不错吧？散散步如何？"

（2）用玛拉的表情变化和动作迟疑来表现她内心的挣扎。沦落至此的玛拉是怎样回应男人搭讪的呢？她勉强挤出一点笑容，然后迟疑地走开了。作为一个女人，当一次次求职失败后，为了活下去，她才选择了这种生存方式，这是艰难的选择，虽心有不甘，又不得已为之。

从厌倦的表情到强颜欢笑，玛拉的内心充满挣扎

（3）用一个时间蒙太奇段落来表述玛拉的这段悲惨经历。站街女的经历是不堪回首的，导演没有具象地去展示这段落魄的日子，而是用了一个时间蒙太奇手法，暗示时光的流逝：

晴天的滑铁卢桥

雨中的滑铁卢桥

雪中的滑铁卢桥

雾中的滑铁卢桥

从连绵的秋雨，到纷飞的冬雪，再到雾霭笼罩的春天，日子一天天流逝，玛拉似乎已经适应了这种夜生活，衣服也比过去华丽了一些。玛拉独自走在桥上，春意在胸中涌动着，与卖花老妇人对白反映了这种心境。

妇人：怎么样？

玛拉：不怎么样。

妇人：凯蒂呢？

玛拉：跟我差不多。

妇人：这年头好像谁也不会有什么好运气！

玛拉：（长吁一声）唉，好日子快来了，歌里唱的。

妇人：但愿如此。再见！

玛拉：再见！

用这样的对白收束段落，导演颇具匠心。处于逆境中的玛拉并没有丧失生活的信念，她不像老妇人那样丧气，对生活尚抱有一丝希望，盼望着快要来临的好日子。

《魂断蓝桥》的这一手法，后来被经常克隆，很多导演用一年四季的画面叠印来表示时间的推移和景致的变化。如《奥地利时光》，用爬山虎的形色变化，表示时间的推移和奥地利多变的景致。的确，只有地处温带的人们才能享受一年四季不同的景色，就像大家耳熟能详的一首诗："春有百花秋有月，夏有凉风冬有雪，若无闲事在心头，便是人生好时节。"

春天的景象

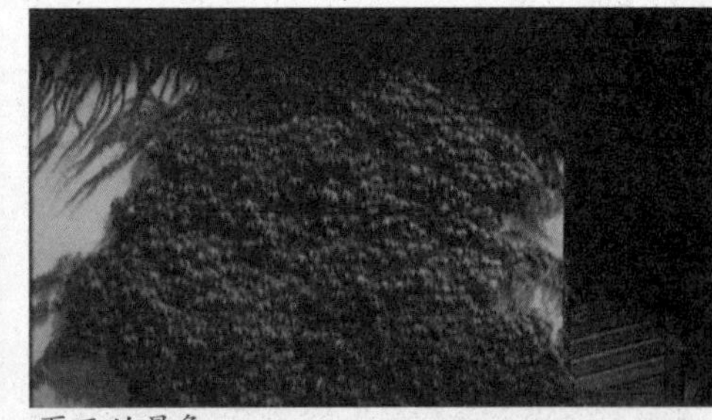
夏天的景象

秋天的景象

冬天的景象

案例2：《现代启示录》

导演：弗朗西斯·福特·科波拉

上映时间：1979年

获奖情况：第32届（1979年）法国戛纳国际电影节金棕榈奖；第52届（1980年）奥斯卡金像奖最佳摄影、最佳音响奖

该片是科波拉关于战争的史诗性巨作，正像它的译名一样，影片给我们提供了很多“启示”。在这部片子里，科波拉把血雨腥风、光怪陆离的越南战场，变成了揭示人性的舞台，透过战争的硝烟，我们可以感受到科波拉对人性、对战争、对现代文明的诸多思考。

影片的开头就是一个典型的蒙太奇段落，吊扇的声音、直升机的声音、落寞的吉他伴奏以及低缓的吟唱，交织在一起。伴随着迷幻的音效，一幅幅战争的画面映现在维尔德上尉的脑际——茂密的热带丛林，不断升腾的战火，呼啸而过的直升机，巨大的石像，战争在维尔德的心灵上烙下了深深的印记，就像歌词唱到的：“我唯一的朋友，结束了。”“所有的孩子都是疯子。”

该段落在编辑上有以下几点值得借鉴：

1.重视声音在段落编辑中的作用

声音是有声电影出现后与画面同等重要的编辑元素。首先是经过处理了的直升机的声音，这声音由远而近，由近而远，之后是落寞的吉他伴奏和男声吟唱：

This is the end	这是终点
Beautiful friend	漂亮的朋友
This is the end	这是终点
My only friend, the end	我唯一的朋友，结束了
Of our elaborate plans, the end	我们精心制订的计划，结束了
Of everything that stands, the end	一切的主张，结束了
No safety or surprise, the end	没有安全或惊奇，结束了
I'll never look into your eyes...again	我不会再窥视你的双眼，永远
...	……

现实中的一切，真的能“the end”（结束）吗？回到家乡的维尔德上尉能摆脱战争的阴影吗？答案是：不可能！就像维尔德的独白：“每次醒来，总以为重返森林。当我首次回家，情况更糟，我醒来一片空白，我无法与妻子交流，最终

答应离婚。当我在战场，很想回家，当我回家，又想着回到森林……”

在这里，声音是直指主题的，表达了战争给心灵带来的不可弥补的创伤。声音也是渲染气氛的，在吟唱中不断穿插进飞机螺旋桨的声音，电扇的声音与直升机螺旋桨的声音互为隐喻，将想象的时空与现实的时空交织在一起，来展示维尔德此时的复杂心境。

在这个段落的最后，有一个声音的转换，镜头从吊扇摇下，接一个倒置的脸部特写，随着眼睛的转动，剪接了一个推摄百叶窗的镜头，直升机降落的声音渐渐清晰起来，维尔德透过百叶窗看到了熙熙攘攘的街道，思绪也随着回到了现实世界。

2.精选记忆与现实场景中的每一幅画面

在该段落有两个时空，分别是记忆中的越南战争和维尔德居住的房间。

记忆的影像是：浩瀚的热带丛林，不时穿越的直升机和熊熊燃烧的战火，那个固定拍摄的丛林镜头至少停留了30多秒。在貌似平静的丛林中，曾发生过无数次短兵相接的战斗，留下过许多刻骨铭心的记忆。

插入椰子林全景：

现实场景是：凌乱的房间，旋转的吊扇，尚未喝干的酒杯，妻子的照片，燃烧的香烟，一把老旧的手枪。每一个画面都有寓意，这些画面凝练地展示了主人公杂乱无章的生活状态，特别是数次出现的倒置的脸，给观众留下了深刻的印象。颠倒的脸，荒诞的战争，癫狂的世界，科波拉用颠倒的影像表现了战争对人性的扭曲。

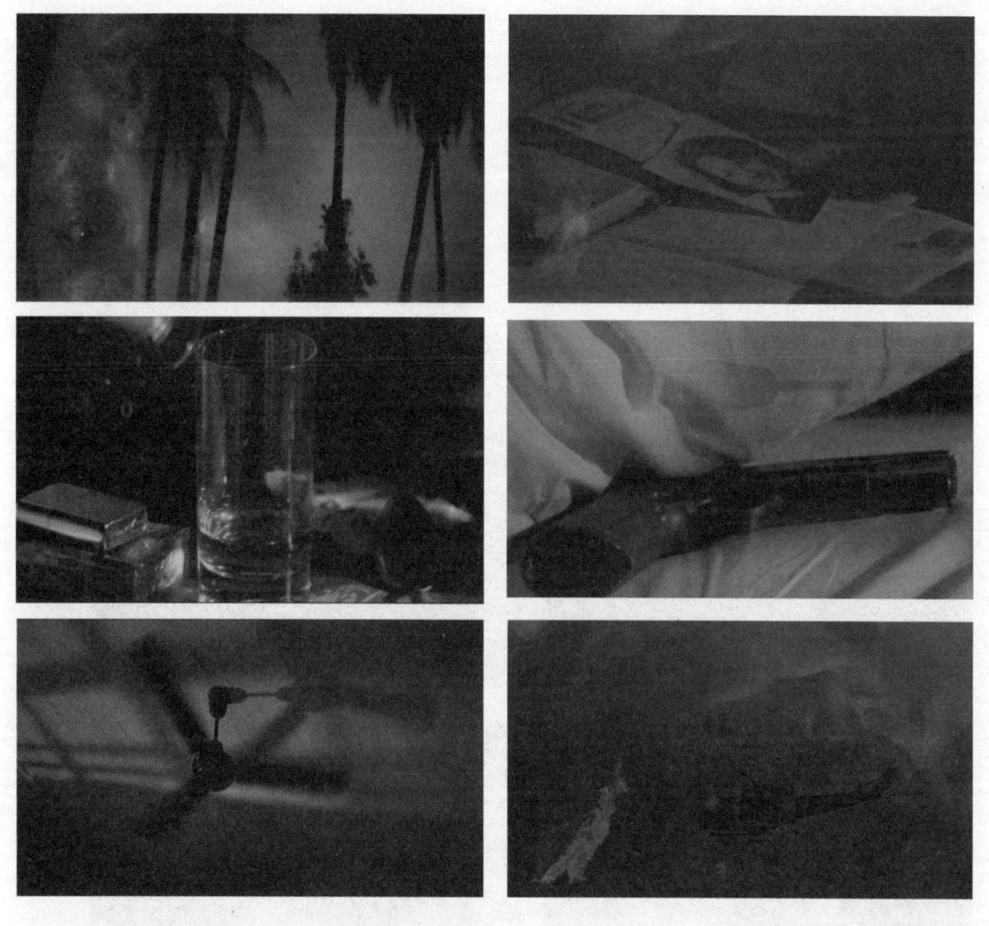

记忆中的影像和现实场景采用叠印、划像的办法交叉呈现，构建了维尔德复杂的心境，也为整部片子烙上了迷幻的视觉印象。影片虽然以越南战争为题材，但呈现战争的惨烈绝不是表达的核心，导演着力展现的是战争给人的心灵带来的苦难。

案例3：《公民凯恩》

导演：奥逊·威尔斯

上映时间： 1941年

获奖情况：第14届（1942年）奥斯卡金像奖最佳创作电影剧本奖

影片围绕报业巨头凯恩临死时的一句遗言——“玫瑰花蕾”展开，通过对报社董事长伯恩施坦、生前好友利兰、两任妻子艾米丽和苏珊等人的采访，勾勒了凯恩的传奇人生。影片最后，焚烧凯恩旧家具时，遗言的真相也浮出水面，“玫瑰花蕾”不过是凯恩童年时代常玩的雪橇上的文字而已。

《公民凯恩》之所以受到后来者的推崇，源于它的创造性，这部影片在叙事结构、现场布光、镜头调度、画面剪辑等诸多方面都有创新之处。其中，早餐一段的编辑就十分精彩。

在这段一分钟时长的段落里，剪辑了6个早餐的场景，浓缩了凯恩与艾米丽九年婚姻的变迁，从新婚的甜蜜到日趋冷淡，两人的关系也变得剑拔弩张。我们先看看这个片段的截图：

从全景开始

第一次早餐的情景

第二次早餐的情景

第三次早餐情景

第四次早餐情景

第五次早餐情景

第六次早餐情景

结束时的全景

第一次早餐（1901年）：

Kane: You're beautiful.

凯恩：你真美！

Emily: I can't be.

艾米丽：过奖了。

Kane: Yes. you are. You're very beautiful.

凯恩: 你真的好漂亮。

Emily: I've never been to six parties in one night before.

艾米丽: 我长这么大, 还从来没有一个晚上参加六场派对。

Emily: I've never been up this late.

艾米丽: 我甚至没有熬夜到这么晚过。

Kane: It a matter of habit.

凯恩: 你会慢慢习惯的。

Emily: What will the servants think?

艾米丽: 仆人们会怎么看?

Kane: That we enjoyed.

凯恩: 会认为我们过得很愉快。

Emily: Why do you have to go straight off to the newspaper?

艾米丽: 为什么要马上去报馆?

Kane: You never should've married a newspaperman,they're worse than sailors.

凯恩: 你真不该嫁给一个办报的人, 他们比水手还糟。

Kane: I absolutely adore you.

凯恩: 我好喜欢你。

Emily: Charles, even newspapermen have to sleep.

艾米丽: 查尔斯, 就是办报, 也得睡觉嘛。

Kane: I'll call Mr.Bernstein and have him put off my appointments till noon.

凯恩: 我会打电话给伯恩斯坦, 让他把我的约会推迟到中午。

Kane: What time is it?

凯恩: 现在几点了?

Emily: I don't know. It's late.

艾米丽: 不知道, 很晚了。

Kane: It's early.

凯恩: 还很早。

Emily: Charles.

艾米丽: 查尔斯。

第二次早餐(1902年):

Emily: Do you know how long you kept me waiting last night?

艾米丽：你知道你昨晚让我等了多久吗？

Emily: When you went the newspaper for 10 minutes?

艾米丽：你说你去报社10分钟？

Emily: What do you do in a newspaper in the middle of the night?

艾米丽：你深更半夜在报社里干什么？

Kane: My dear your only correspondent is the *Inquirer.*

凯恩：亲爱的，你唯一的对手就是《问事报》。

第三次早餐（1905年）：

Emily: Sometimes I think I'd prefer a rival of flesh and blood.

艾米丽：有时候，我真希望我的对手是血肉之躯。

Kane: I don't spend that much time on the newspaper.

凯恩：我在报社的时间可没有那么长。

Emily: It isn't just the time,It's what you print,attacking the president.

艾米丽：不是时间的问题，而是你印刷出来的东西，是在攻击总统。

Kane: You mean Uncle John.

凯恩：你是指约翰叔叔。

Emily: I mean the President of the United States.

艾米丽：我说的是美国总统。

Kane: He's still Uncle John and a well-meaning fathead.

凯恩：他就是约翰叔叔，他是个不折不扣的笨蛋。

Kane: Who's letting a pack of high-Pressure crooks run his administration.

凯恩：他竟然让一群骗子来管理政府。

Kane: This whole oil scandal.

凯恩：因而造成这次的石油丑闻。

Emily: He happens to be the president, not you.

艾米丽：你要搞清楚，总统是叔叔，不是你。

Kane: That's a mistake that will be corrected one of these days.

凯恩：这真是一个大错误，不过，不久将会改正。

第四次早餐（1906）：

Emily: Your Mr. Bernstein sent Junior the most incredible atrocity yesterday.

艾米丽：昨天，你的那位伯恩斯坦先生把儿子送到幼儿园。

Emily: I simply can't have it in the nursery.
艾米丽：我实在不忍心让孩子待在那里。
Kane: Mr.Bernstein is apt to pay a visit to the nursery now and then.
凯恩：伯恩斯坦会经常去幼稚园看看儿子的状况。
Emily: Does he have to?
艾米丽：一定得这样吗？
Kane: Yes.
凯恩：是的。

第五次早餐（1907年）：
Emily: Really,Charles,People will think?
艾米丽：真的，查尔斯，别人会怎么想？
Kane: What I tell them to think.
凯恩：那得看我让他们怎么想。

第六次早餐（1909年）：两人相对无语！

这个段落与剧本相比有相当大的变化，可以说是年轻的剪辑师罗伯特·怀斯的神来之笔，他把凯恩与艾米丽的情感变化用六次早餐的形式来反映，显得凝练而有趣。

段落开始时的全景，交代了餐厅的环境，在偌大的餐厅里，两人十分亲密；而段落结束时，同样是全景，两个人的相对而坐营造了强烈的孤独感，喻示着夫妻感情的疏离。

第一次早餐是两人结婚不久，两个人深情对望，赞美与关切的对白，再加上缠绵的音乐，一派浓情蜜意的景象。

第二次早餐是一年后的某个早晨，影片用了一个甩镜头转场，喻指时光飞逝。同样的景别，但坐的位置发生了变化，两个人不再像第一次早餐那样坐得那么近，而是坐在餐桌的两端。凯恩不耐烦地点燃烟斗，而艾米丽在询问时又多了一些责怪的情绪："你知道你昨晚让我等了多久吗？""你深更半夜在报社里干什么？"

又过了一年，两个人的第三次早餐开始出现了不和谐的因素，艾米丽表达了对凯恩的不满，但出于贵族般的矜持，她没有表现出强烈的不满情绪。

从第四次早餐到第五次早餐，两个人的关系越来越紧张，几乎到了剑拔弩张的地步。到了第六次早餐，两个人相对而坐，举目无语，百无聊赖地看着报纸，仿佛婚姻也走到了尽头。

这个段落的编辑有三点值得借鉴：

1. 用空间关系的不变来衬托情感的变化

每次早餐都是在两个人的“中景”间来回切换，同样的位置，同样的景别，不同的是两个人的服装、神态和情感变化：从开始时的浓情蜜意，到最后的相对无语，两个人的感情也越来越疏离。当然，切换的节奏也随着情感的变化而变化。

2. 用白驹过隙般的甩镜头表示时间的推移

每一次过渡都用一个快速的甩镜头，这种手法的一致性，不仅没有重复之嫌，反而增加了转场的趣味，给观众时光荏苒的感受。

3. 音乐有力地渲染了情感的变化

《公民凯恩》的曲作者伯纳德·赫尔曼(1911~1975)是一位具有传奇色彩的作曲家，他的配乐犹如剧情的忠实仆人，有力地渲染了人物情感的变化。如第一次早餐的深情缠绵，第四次早餐的紧张急促，以及最后一次早餐的低缓无助，观众能够从平静的音乐中感受到不和谐的音符。整个段落虽然只有一分钟时间，但伯纳德·赫尔曼煞费苦心，不断变换节奏、旋律，使音乐与对白的节奏、语调变化相协调，相映衬，相得益彰。

【小结】

蒙太奇段落是动作段落、对白段落的有效铺垫和补充，在整部影片中发挥着重要作用。

（1）蒙太奇段落往往以一段连贯的音乐或一个相对独立的意义，作为结构的主线，把不同时间、不同空间的影像串联起来，起到交待、概括、总结的作用。如《现代启示录》的开头，越南战场的场面以幻觉的形式在维尔德上尉的脑海中呈现，表现了战争对人性的扭曲。

（2）蒙太奇段落可用于转场、过渡，以表现时间的推移与地点的转换等，如《魂断蓝桥》《奥地利时光》等。

（3）蒙太奇段落用于抒发情感。一般在片子的末尾部分，用一段音乐把一些相关的镜头串连在一起，抒发一种情感。

（4）蒙太奇段落不宜太长，以免影响剧情的发展和整体的和谐。

第四章 影像编辑的词法——时间关系

当我们身处某一场景时，总有一些关注的东西，依次把这些关注点剪辑在一起，就构成了带有个人色彩的视觉形象。比如，我们去参观一个蔬菜种植大棚，里边的设施、蔬菜品种、劳作的工人，都可能引起我们的兴趣和关注。把大家感兴趣的东西，按照时间顺序串联起来，就是最基本的影像编辑。

在我们选择和排列镜头的时候，会遇到两个基本问题：

一是镜头间的时间关系，先编什么镜头，后编什么镜头，这就涉及镜头排列的顺序问题。另外，我们还可以对单个镜头进行处理，比如变快、变慢、定格，也可以通过镜头组接来改变时间的进程。因为影视作品的时间不同于现实时间，它可以压缩，可以延长，也可以让时间停滞不前。

二是镜头的空间关系，涉及机位、视角、景别等问题。高水平的导演和摄像师往往是无处不在的观察者，能够给观众提供多个视点，来观察事件的进程，而不是单一的、平常人的视点。作为后期编辑人员，要善于选择这样的镜头，全方位、立体式地展现场景。另外，还要注意视角和景别的变化，如果编辑只选择全景镜头叙事，观众就会产生不知所云的感觉，就会问："全景镜头里什么都有，你让我们看什么呢？"一个好的编辑要善于使用特写镜头，展示有趣味的细节，引导观众的注意力。

实际上，影像编辑面对问题不仅是上面的两个问题，因为处理好编辑的"时间关系"和"空间关系"只是叙事的一部分，而影像作品在表意和抒情的时候，更多采用以意义、意思串联的办法，我们称之为"意义关系"。

处理与控制时间无疑是影视编辑的首要任务，一部电影的长度一般是两个小时左右，最长的也就是三个多小时，再长，就很难让观众接受。一部纪录片的长度一般是一个小时左右，短纪录片时间更短。怎样在短时间内编织故事，介绍人物或事件，就需要我们处理、控制好时间。在影视作品中，时间一般表现为四种形态，即实时（无缝衔接）、压缩（时间的压缩与省略）、拉伸（时间的拉伸与延展）和停滞。

第一节　无缝衔接

关于“无缝衔接”的概念，有很多认识上的分歧。我们理解的“无缝衔接”，是指上一个镜头与下一个镜头在时间上的无缝而已，这个时间不仅指真实的时间，还指艺术创作层面的真实时间。

先说真实时间的无缝衔接，《黑客帝国》就是较典型的案例。

案例1：《黑客帝国》

导演：安迪·沃卓斯基

上映时间：1999年

获奖情况：第72届（2000年）奥斯卡金像奖最佳剪辑、最佳音响、最佳效果、最佳音效剪辑等大奖

从影片的25分40秒开始，“黑客”尼奥与人类反抗组织头目墨菲斯有一段对话。在该对话段落的几个主要环节，影片采用的就是无缝剪辑。尼奥进入房间后，墨菲斯有一个转身的动作，从全景镜头切换到特写镜头，时间是连贯的，是无缝对接。

全景镜头中墨菲斯的扭头瞬间与特写镜头中墨菲斯的扭头瞬间是“现实时间”上的无缝衔接。

在这个段落中，尼奥与墨菲斯握手的镜头同样是无缝对接。

尼奥与墨菲斯握手的第一个镜头的出点与墨菲斯与尼奥握手的第二个镜头的入点，是“现实时间”上的无缝衔接。

可以断定，拍摄现场至少有两个机位，分别是面对尼奥和面对墨菲斯的，影片在两个镜头之间来回切换，从时间上看，没有丝毫的省略。

我们再看下面这组镜头，墨菲斯将药丸递给尼奥，尼奥选择了其中的一粒。

墨菲斯让尼奥选择药丸，两个镜头之间是无缝剪辑

墨菲斯将药丸递给尼奥，两个镜头之间是无缝剪辑

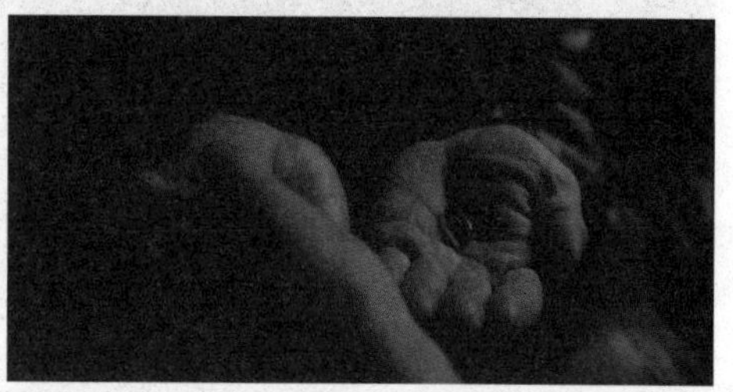

墨菲斯眼镜中尼奥拿药镜头的出点与尼奥拿药镜头的入点是无缝衔接

下面的这组镜头更有说服力，尼奥拿起杯子喝水（截图1），当杯子举到胸部时，切入墨菲斯观望的镜头（截图2），当尼奥举杯到嘴边时，墨菲斯的观望镜头切走。

1. 尼奥举杯喝水　2. 墨菲斯望着尼奥把药丸喝下　3. 尼奥喝下药丸

我们可以用非线性编辑的故事版给大家做一个图示。

轨道1为尼奥举杯的视频轨，轨道2为墨菲斯观望的视频轨。

尼奥从举杯，到举杯至胸部		尼奥从举杯至嘴边，到一饮而尽
	墨菲斯观望的镜头	
尼奥镜头的1声道音轨		尼奥镜头的1声道音轨
尼奥镜头的2声道音轨		尼奥镜头的2声道音轨
	墨菲斯1声道音轨	
	墨菲斯2声道音轨	

尼奥举杯的镜头与墨菲斯观望的镜头，在时间上是同步的，切入的墨菲斯观望镜头的时间长度跟尼奥举杯的从胸部到嘴边所用的时间是完全相同的。

在一个段落中，并不是所有的环节都是无缝剪辑的，如墨菲斯起身的镜头到墨菲斯开门出来的镜头之间，就有时间的缝隙，只是这种缝隙很容易被观众忽略掉。应该说，无缝剪辑是局部的，不可能处处使用；否则，一分多钟的时长根本装不下这么多的内容。

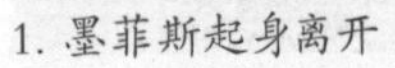
1. 墨菲斯起身离开　2. 墨菲斯与尼奥走出房间

以上我们讲的是真实时间的无缝剪辑，在实战过程中，还有很多的无缝剪辑是遵循艺术真实的原则进行的。比如《百年农大》中，我们在剪辑实践教学片段时，用的就是艺术时间的无缝剪辑。

案例2：《百年农大》

导演：刘继锐

上映时间：2006年

在农业大学实践教学的段落，该片运用了无缝剪辑的手法。

1. 山东农大师生走出校园

2. 进入桃园

3. 桃园中的实践教学

4. 专业老师做剪枝示范

5. 剪枝特写

6. 学生观看

7. 学生实践

8. 学生实践

该段落只有十几秒的时间，展现了实践教学的基本过程——学生走出大学校门（镜头1），进入桃园（镜头2），开展实践教学场景（镜头3），教师做剪枝示范（镜头4、5），学生观看（镜头6），学生实践（镜头7、8）。拍摄这个段落时，因为使用单机并借助摇臂拍摄的缘故，几乎耗费了整个上午的时间，每个镜头都拍摄了很多遍，直到满意为止。编辑时，按照镜头的时间顺序排列，特别是镜头3、4、5、6的组合，呈现出“无缝衔接”的特点。

【小结】

无缝衔接手法主要用于影像作品主要环节的剪辑，用好了会给人行云流水般的审美感受。用不好，或者用在无关紧要的地方，就会有浪费时间之嫌。

无缝衔接的时间概念，可以是生活中的真实时间，也可以是艺术真实的时间，如《百年农大》中的实践教学段落，我们把不同时间段拍摄的镜头，按照逻辑顺序排列，同样可以营造无缝衔接的效果。

第二节　压缩与省略

一部影片要在两三个小时或者更短的时间内，讲述一天、一年、几十年、数百年，甚至上千年的故事，必然要采用压缩和省略的办法来控制时间，这也是影像编辑的重要工作之一。

截取有意义的片段，去掉无意义的片段，我们称之为"段落的时间省略"，上一章曾经论及。这一节讲的时间省略，主要是指段落内通过对镜头内部的变速处理和镜头组接来压缩和省略时间。

一、镜头内部的时间压缩

在影像作品中，我们经常看到：花朵在瞬间绽放，太阳在瞬间升起或降落，以及风起云涌的山峦和流光溢彩的城市景观，这一切都是利用镜头来省略时间的结果。

案例1：《故宫》

导演：周兵

上映时间：2005年

获奖情况：第23届（2006年）中国电视金鹰奖最佳长篇纪录片奖

这部由故宫博物院和中央电视台联合制作的12集纪录片大量使用了延时拍摄手法。光阴流逝、斗转星移、云卷云舒，这些本该在一天或一段时间发生的事情，被压缩在几秒钟的时间内呈现，给观众以强烈的视觉冲击和光阴荏苒、世事沧桑的审美感受。下面这组镜头取自《故宫》的1个片段，6个镜头，30秒左右的时间，展现了2004年冬至这一天，阳光在故宫太和殿的轨迹。

冬至是二十四节气之一，是整个北半球全年中白天最短、黑夜最长的一天，过了冬至，白天就会一天天变长，黑夜会慢慢变短。按照古人的说法，“阴极之至，阳气始生”，冬至意味着节气循环的开始，无论朝廷还是民间都要庆贺一番。

冬至这一天，阳光从早至晚，穿过太和殿的大门和窗棂，照射进高大宽阔的殿堂，辉映着龙椅上方“建极绥猷”的巨幅匾额。“建极绥猷”的含义为：天子上对皇天，下对庶民，承载着双重使命；既要承天而建立法则，又要抚民而顺应大道。阳光在大殿中的流淌、蔓延，为“建极绥猷”做了最好的注脚，强调了天意民心，昭示着周而复始的光阴流转。

这种光阴流转的效果是借助“延时拍摄”的手法实现的。“延时拍摄”又叫“定时拍摄”、“降格拍摄”，英文是tim-lapse cinematography，在这里作一简单介绍。

电影的速率（Rate）一般为每秒24格，即每秒拍摄或播放24格（一格为一幅画面），这是自20世纪20年代末开始形成的，早期电影的拍摄、播放速率为每秒16~20格，这就是为什么用现代设备播放老电影时出现快动作和跳帧的原因。每秒低于24格，我们统称为“降格拍摄”或“延时拍摄”，至于间隔多长时间拍摄，每次拍摄多少格（电视摄像机称每幅画面为“帧”），要根据具体情况确定。我们可以每分钟拍摄一次，也可以每小时、每天、每个季节或更长时间拍摄一次，把一组定时拍摄的画面组织在一起，就构成了瞬间的变化，让观众产生惊奇的感觉。

虫子蜕变、花开花落，需要一个过程，我们采用压缩时间的办法，可以把这个过程在短时间内呈现给观众。这样的例子比比皆是，以下是纪录片《里山》中的截图：

日出日落与斗转星移，同样可以用压缩剪辑的办法处理。让日出的过程瞬间完成，给人以蓬勃向上的审美感受，是纪录片、专题片制作中常用的剪辑手法。

以下是《奥地利时光》中的截图：

以下是延时拍摄的斗转星移：

延时拍摄的手法最适合表现动物的蜕变、花开花谢、日出日落、斗转星移的变化过程，但采用延时拍摄手法时，要注意以下三点：

1.保证机位与景别的恒定

对延时拍摄来说，稳定是非常重要的，摄影器材必须固定好，并始终保持稳定的状态，轻微的晃动都会影响拍摄效果。

2.减少干扰因素

除了主体（花朵、太阳等）外，其他的东西尽量不要动，特别是处于前景位置的物体，因为丝毫的风吹草动都会成为画面的干扰因素。

3.设计好间隔的时间和每次录制的长度

如拍摄夜幕降临城市的情景，如果要10秒长的镜头，那么至少需要拍摄240格画面，这240画面格要分摊到一个小时的拍摄时间里，平均每15秒就要拍摄一格画面。具体到多长时间开机一次，每次录制多少格，需要根据摄影机的设置确定。一般的35毫米电影摄影机，拍摄速率为每秒8～64格，我们也可以借助计算机设计拍摄的频率和每次拍摄的长度。如果拍摄花朵开放，大约需要3天3夜的拍摄时间，才能完整记录开花的过程，假设我们需要用6秒的镜头来展现这个过程，那么每半个小时就要拍摄一格画面，计算办法是：3天×24小时÷6秒×24格＝0.5小时。

4.注意光线变化和光圈调整

延时拍摄需要一个过程，在这个过程中，光线会不断发生变化。如拍摄日出时，光线越来越亮，而日落时，光线会越来越暗。这时候，我们需要使用手动光圈调整，使亮度保持一致性。

镜头内部的时间省略可以在前期拍摄阶段完成，也可以在后期制作阶段完成，下面是后期制作过程中压缩时间的案例。

案例2：《失去平衡的生活》

导演：戈弗雷·里吉欧
上映时间：1983年

戈弗雷·里吉欧编剧、导演的生活三部曲——《失去平衡的生活》《机械生活》《战争生活》堪称纪录片的经典之作，其目眩神迷的快动作镜头（fast-motion）直指狂乱的生活节奏，制造出令人惊奇的视觉效果。它完全抛弃了故事情节、演员表演、人物对白、解说和同期声这些惯常的表现手法，是一部另辟蹊径的视觉杰作，一部由动态影像和交响乐构成的、流淌着光影、色彩的叙事诗。

影片用动态的影像向世人诉说着一个沉重的主题：人类文明在突飞猛进的同时，自然环境也在遭受破坏。看似流畅的生活背后是人与自然的不和谐，而制造这种动态影像的主要手段是"快动作"镜头。

当我们把一段视频加速之后，就会出现车流如织、人流如潮、云卷云舒的视觉效果。

以下是《失去平衡的生活》的截图：

在非线性编辑机出现以前，压缩镜头的办法相当麻烦。在20世纪90年代以前，剪辑人员利用光学印片机（optical printer）来压缩镜头。非线性编辑机出现以后，压缩镜头变得十分便捷，在非线性编辑机的故事板上，我们可以任意调整镜头的长度，输入一定的数值，就可以将一段很长的视频压缩成几秒钟的时间。

戈弗雷·里吉欧的《失去平衡的生活》具有里程碑意义，后来的影像工作者纷纷效仿他的"快动作"手法，这一手法不仅能制造令人惊奇的视觉效果，而且在表现事件进程上也有意义。比如，表现搬运物品、垒墙、包水饺等重复性的劳动，完全没必要去展现劳动的全过程，在剪辑了几个关键动作后，可以采用"快动作"的办法压缩劳动的时间。这样做，既保留了完整的过程，又不至于浪费观众的时间，还会产生新奇的视觉效果。

无论是前期拍摄的时间压缩，还是后期制作过程中的时间压缩，其意义不仅是视觉层面的，而且在思想表达层面同样发挥着重要作用。看看下面的片段，你会产生什么样的感想？

案例3：《里山》

导演：水沼真澄

上映时间：2005年

获奖情况：2005年上海电视节最佳自然类纪录片

由日本NHK制作的这部纪录片，展现了里山奇丽的自然风光和厚重的人文历史。其中，有一个30多秒的稻田耕作的段落颇耐人寻味。

以下是这个段落的截图：

1. 平整稻田

2. 平整稻田

3. 修造水渠

4. 修造水渠

5. 平整稻田

6. 平整稻田

这个段落从一个正常速度的手扶拖拉机开始，给观众以稻田劳作的视觉印象，然后突然加快，变成劳动的快动作，经过几个镜头的印象积累，到最后一个镜头的时候，观众很容易产生劳动改变世界的审美感受。

看最后一个镜头，当坑洼不平的稻田瞬间变得光亮平整的时候，耕作的农民仿佛变成了画家，他们以铁锹、拖拉机为笔，以大地为纸，在高低错落的山坡上画出了最美的图画。这场景虽比不得咱们广西的龙脊，但依然让我们感动。正是农民辛勤的劳动，为我们提供了食物，当我们咀嚼"盘中餐"的时候，切记"粒粒皆辛苦"的箴言。

二、通过镜头组接省略时间

从单镜头影片到多镜头影片，剪辑的出现为电影工作者处理时间提供了很大的自由，既可以完整地展示故事发展的真实时间，也可以利用镜头组接，省略或延长时间。

案例4：《百万宝贝》

导演：克林特·伊斯特伍德

上映时间：2004年

获奖情况：第77届（2005年）奥斯卡金像奖最佳影片、最佳导演、最佳女主角、最佳男配角等奖项

《百万宝贝》中有一个拳击比赛的段落。这个段落出现在影片1小时07分处，只有短短1分钟的时间，相当于一个拳击回合1/3的时间，却记录了入场、比赛、教练指导、击倒对手、欢呼、拥抱等一个相对完整的比赛过程。导演克林特·伊斯特伍德和剪辑师乔伊·考克斯是怎样处理时间的呢?

让我们看一下该段落的部分截图：

1. 拳击手玛吉·菲茨杰拉德与教练入场

2. 观众欢迎

3. 比赛开始

4. 短兵相接

5. 观众呐喊

6. 出拳

7. 教练指导

8. 再次比赛

9. 焦急的教练

10. 观众

11. 击倒对手

12. 与教练拥抱

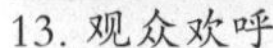
13. 观众欢呼

14. 胜利的喜悦

以上是该段落部分镜头的截图，这些场景几乎涵盖了比赛的所有环节，而时长却只有一分钟时间。剪辑师充分利用教练、现场观众的反应镜头来省略时间、渲染气氛，其中插入最多的镜头是教练的近景（截图9），一共出现了5次，充分展示了教练法兰基对拳手玛吉·菲茨杰拉德的关切，表达了教练与拳手之间超越血缘关系的父子般的情感。应该说，这些镜头的加入改变了影片的时间进程，而观众沉浸于连贯的动作之中，觉察不到时间的省略，这也是影片省略时间的惯常手法。再比如，我们表现一个人在房间里等人，等待的过程可能很长，没有必要记录等待的全过程，选以下几个片段就能说明问题。镜头1：在房间中等人的镜头，扭头看表。镜头2：钟表的特写，表针指在某一个位置。镜头3：在房间来回踱步，再次扭头看表。镜头4：钟表特写，时间已经过去了1个小时。

生活中的很多场景都可以进行时间的压缩，特别是一些冗长的、重复性的动作过程，像上楼梯、登山、包水饺、垒墙等等，选取一些主要动作，来展现场景，既不影响观众的认知，又能有效地省略时间，看下面这个案例。

案例5：《百年农大》

导演：刘继锐

上映时间：2006年

在《百年农大》中，作者用登山来隐喻山东农业大学不断攀登科学高峰的精神风貌，8个镜头，不到30秒的时间，浓缩了攀登泰山的全过程。

以下是该段落的部分截图：

1. 岱宗坊的台阶

2. 泰山“一天门”

3. “中天门”下面的石级

4. 登上“中天门”

5. 泰山“十八盘”

6. 向“南天门”攀登

7. 泰山“碧霞祠”

8. 泰山极顶日出

从山脚下的岱宗坊到玉皇顶的“极顶石”，在泰山中轴线上，有6811级台阶，正常的登山时间应该是三四个小时。怎样凝练地反映攀登的过程呢？作者精选出了5个重要环节，分别是：孔子登临处、一天门、中天门、南天门和玉皇顶。第一个镜头是“孔子登临处”，第二个镜头是“一天门”，第三、第四个镜头是“中天门”，第五、第六个镜头是“南天门”前的十八盘，第七个镜头是碧霞祠，第八个镜头是泰山日出。到过泰山的人，一定不会忘记这几个景点，因为泰山石级的陡峭、挺拔、悠长、俊美，全体现在这几个关键环节上了。用这一组镜头配下面的解说词是再合适不过了。

从山脚下的岱宗坊，到玉皇顶的“极顶石”，在泰山中轴线上，有6811级台阶。漫长的石阶天梯上，洒下过多少攀登的汗水，承载过多少希望与祈求。人类就是靠这种永不停息的求索精神，书写着辉煌的历史。

在这组镜头里，不是镜头在动，就是脚步在动，用不断地移动和不断地攀登，积聚起一股强劲的、向上的力量，去迎接玉皇顶灿烂的日出。

在这部片子里，还有一些省略时间的段落，这些段落是借助特技实现的。

以下是《百年农大》李晴琪教授段落解说词：

二十六个春去秋来，二十六载花开花落。为了“矮孟牛”项目，李晴祺教授和他的科研团队，就像登山一样，一步一个脚印，整整攀登了二十六年。

右侧是该段落的部分截图：

1. 李晴琪教授在书房读书

2. 在书房查阅资料

3. 与研究生交谈

4. 指导学生

5. 与学生讨论

《百年农大》滕州麦田段落解说词:

小麦是我国北方的主要粮食作物，然而，几千年来，落后的耕作技术严重制约着小麦的产量和品质。从20世纪50年代开始，余松烈院士把山东滕州作为科研基地，创立了“冬小麦精播高产栽培技术”，在北方十多个省大面积推广，为我国小麦丰产作出了重大贡献。

在滕州的麦田，农大科研人员与当地农民交流

这两个段落有一个共同的特点是：场景不变，变化的是里边的人，把不同位置、不同数量、不同动作的人，用叠化的手法剪辑在一起，给人一种时光流转、永不停息的感觉。这两组镜头与解说词相得益彰，既有寓意，又给人以新奇的视觉享受。

三、借物喻示时间的流逝

借助某种能够暗示时间变化的物象来表现时间的省略。比如，用日历翻动、时针转动来表现时间推移，或者用一堆烟头、往来信件的增加来表示时间的流逝等等。

与前面讲的两种时间省略的手法不同，用物象表示时间流逝，在表达时间省略上更加明确，在表现情绪上更加饱满。

【小结】

压缩、省略时间是影视编辑最重要的工作之一，一方面，我们可以利用延时拍摄的方法将一段时间内发生的变化浓缩在几秒或是十几秒时间；另一方面，我们可以通过镜头组接，不露痕迹地省略时间。

无论是动作段落还是对白段落，插入镜头是省略时间最好的办法。比如，汽车比赛的段落，如果不采用插入镜头，又想表现比赛的完整过程，那么时间是不能省略的，因为任何省略都会给人留下残缺不全的感受，我们可尝试以下编辑思路：

（1）赛场大全景比赛开始。

（2）你追我赶。

（3）观众加油。

（4）到达终点。

（5）观众欢呼。

（6）公布成绩并颁奖。

在比赛过程中，我们可以插入观众、裁判员、教练员、嘉宾、工作人员的镜头，或者一些花絮镜头，用这样的办法省略时间，观众不会觉察到比赛进程的残缺不全。当然，每个镜头的长度要控制好，不能太长，也不能太短。另外，插入的镜头一定要与现场气氛相吻合，为成功而欢呼，为失利而沮丧，等等。

在对白段落中，省略时间最隐蔽、最不易觉察的办法是插入对方的反应镜头或者空镜头，这些镜头包括倾听人的反应的镜头、与讲话内容相关的镜头、展现对白环境的镜头等。插入这样的镜头，能够有效地避免因时间的省略而导致画面组接时出现“跳”的现象。

第三节　拉伸与延展

在影像作品中，时间可以压缩、省略，也可以拉伸与延展。通过镜头的快拍慢放或者反复切换，把瞬间发生的事件细节“放大”，让观众充分地观察和体悟，从而产生震撼人心的艺术效果。

这种手法常用于电影、电视剧或纪录片的高潮部分，通过镜头的反复切换，使时间得以拉伸、延展，最经典的例子是《战舰波将金号》中的“敖德萨阶梯”段落。另外，随着高速摄影技术和非线性编辑技术的发展，瞬间发生的事件可以延展开来仔细观察。比如子弹击穿玻璃的镜头，通过高速拍摄、慢速播放的方法，我们会发现，穿越玻璃的首先不是子弹而是气流，而这些细节凭肉眼是根本观察不到的。

将瞬间发生的事情慢放，还可以给我们带来审美愉悦，或者表达一种寓意。比如篮球运动员飞身灌篮的镜头，经过慢速处理后，能够充分展现运动员飘逸的身姿和优美的动作。再比如，表现战士中弹牺牲，倒下的过程经过慢速处理，能够给人以沉重、悲壮的心理感受。

一、通过剪辑延展时间

在影像作品中，压缩时间是最常用的方法，但也不乏延展时间的案例。真正的艺术大师都是操控时间的高手，或轻灵机巧，或荡气回肠，或快疾如闪电，或飘逸如云中漫步。既可以把上下五千年浓缩在很短的时间内，也可以把瞬间发生的事情放大到足够的长度。

案例1：《战舰波将金号》

导演：谢尔盖·爱森斯坦

上映时间：1925年

获奖情况：在1929年美国全国电影评议会评选的1909年以来四部“最伟大的影片”中名列第三

导演谢尔盖·爱森斯坦是蒙太奇艺术的先驱和大师，片中的“敖德萨阶梯”段落堪称经典。在6分多钟的时间里，爱森斯坦用了150多个镜头来表现沙皇士兵对平民百姓的残酷屠杀。镜头之丰富，细节之感人，不愧为后世楷模。

位于乌克兰敖德萨州首府敖德萨市的敖德萨阶梯，始建于19世纪三四十年代，共有192级台阶。如果用长镜头来表现这段屠杀，用不了多少时间，但要具备视觉冲击力，就必须设置细节，放大细节，这正是爱森斯坦的过人之处。

在192级台阶上，荷枪实弹的沙皇士兵与赤手空拳的市民构成了矛盾冲突的双方。沙皇士兵步履齐整，以泰山压顶之势自上而下推进，而平民百姓则惊慌失措，如潮水般涌下。在逃离的人群中，有两个孩子特别引人注意：一个是中弹并遭到踩踏的少年，一个是躺在婴儿车中的幼儿。这是两个极易触发情感的“点”，尤其是那个躺在婴儿车中的孩子，当脱离母亲的庇护后，从台阶上快速滑落，观众为他的安危捏着一把汗。

下面，我们看看母亲中弹倒地和婴儿车滑落这一细节是怎样编辑的。

1. 沙皇士兵射击

2. 市民中弹倒地

3. 沙皇士兵行进

4. 母亲与婴儿车

5. 沙皇士兵行进

6. 惊恐的母亲

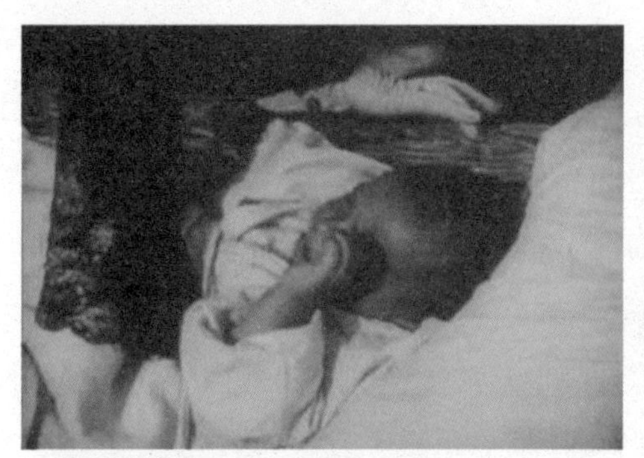
7. 紧紧护着婴儿

8. 母亲用身体护着婴儿车

9. 士兵下台阶

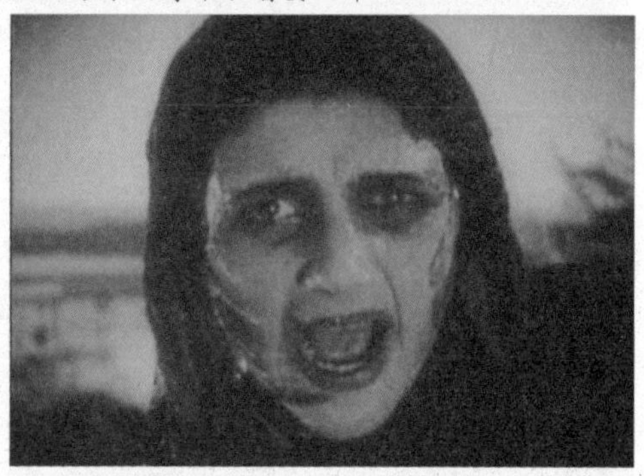
10. 惊慌失措的母亲

11. 士兵下台阶

12. 沙皇士兵射击

13. 沙皇士兵射击

14. 母亲中弹

15. 婴儿车滑落

16. 母亲中弹倒地

17. 母亲腰部中弹特写

18. 敖德萨阶梯全景

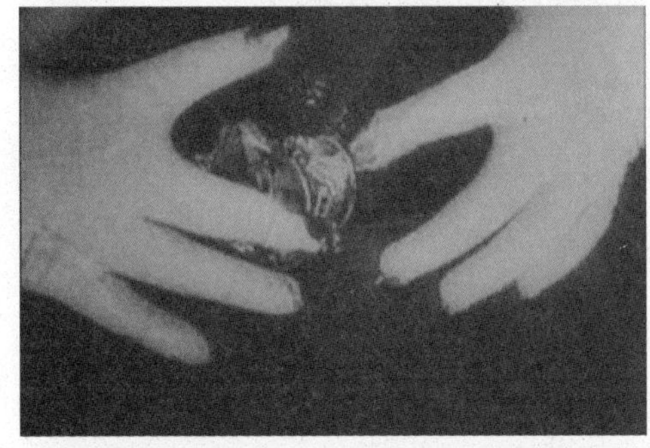
19. 母亲鲜血涌出

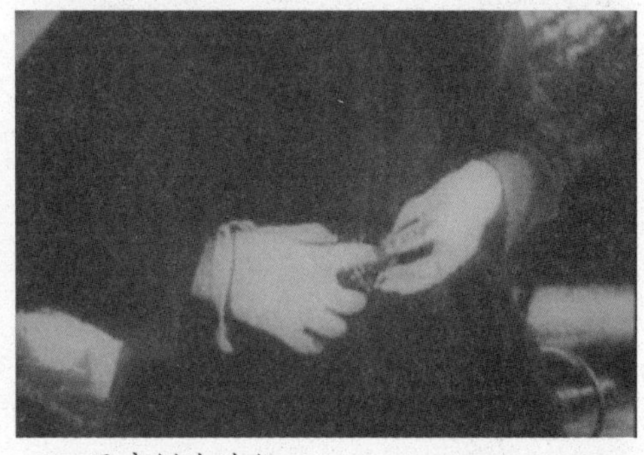
20. 母亲倒地过程

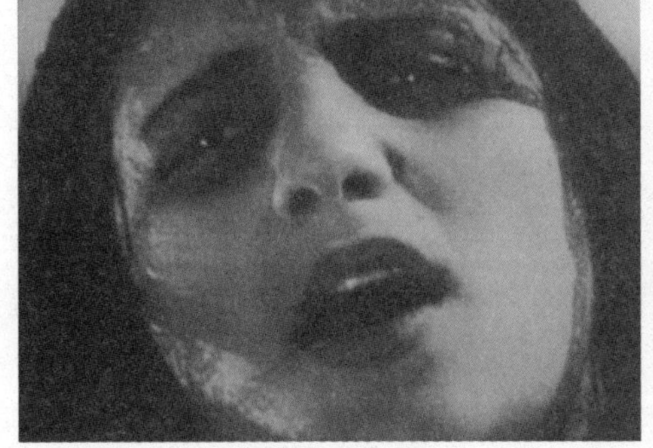
21. 母亲痛苦的表情

22. 母亲倒地过程

23. 婴儿车滑落

24. 士兵脚步特写

25. 士兵行进

26. 母亲倒地过程

27. 婴儿车滑落

28. 敖德萨阶梯全景

29. 敖德萨阶梯全景

30. 敖德萨阶梯小全景

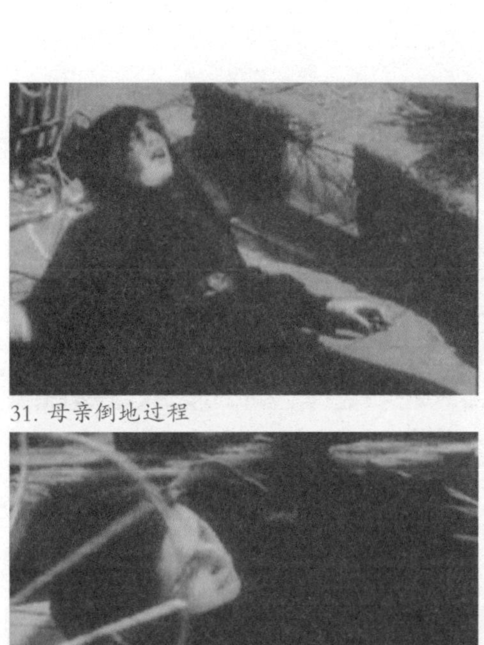
31. 母亲倒地过程

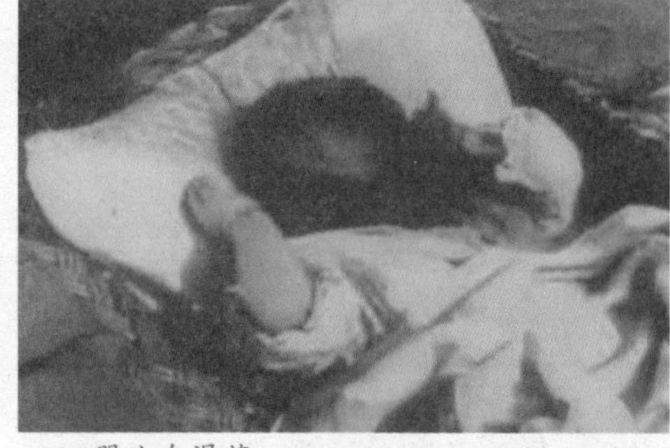
32. 婴儿车滑落

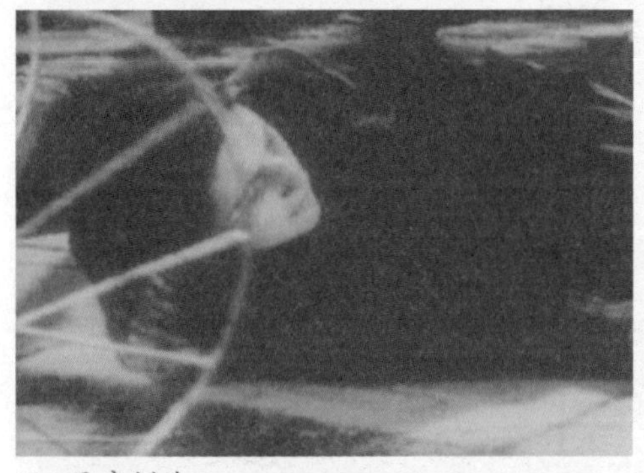
33. 母亲倒地

34. 老太太近景

35. 婴儿车滑落

36. 婴儿车滑落

37. 婴儿车滑落

38. 敖德萨阶梯全景

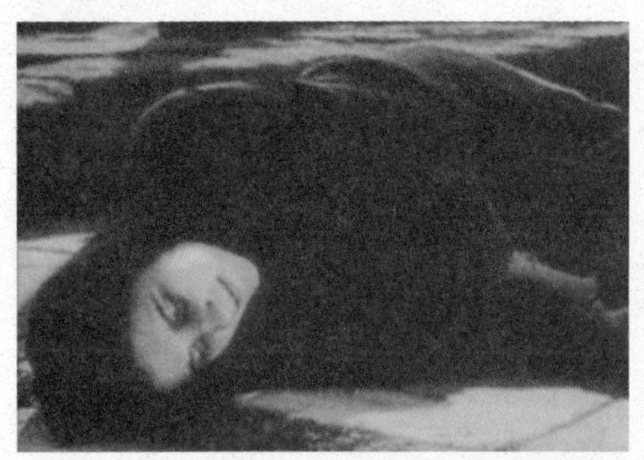
39. 母亲倒在地上

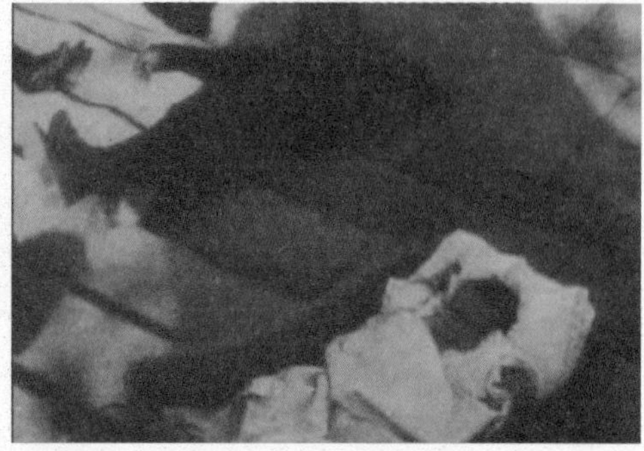
40. 婴儿车滑落

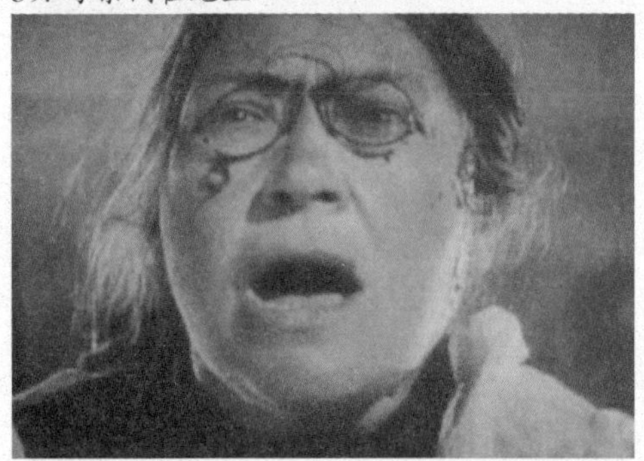
41. 惊恐的老太太

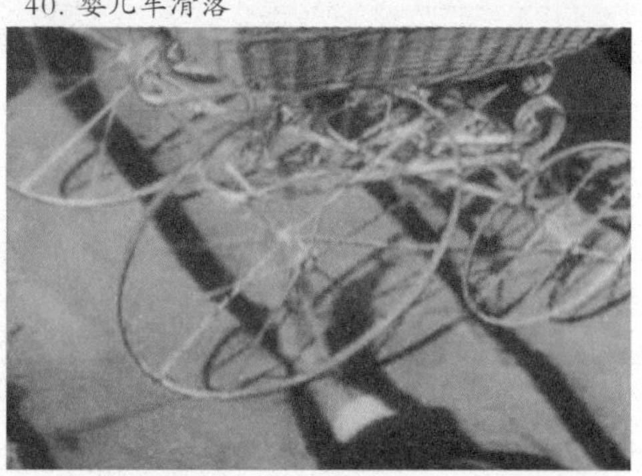
42. 婴儿车滑落

43. 市民近景

44. 敖德萨阶梯全景

45. 婴儿全景

46. 市民近景

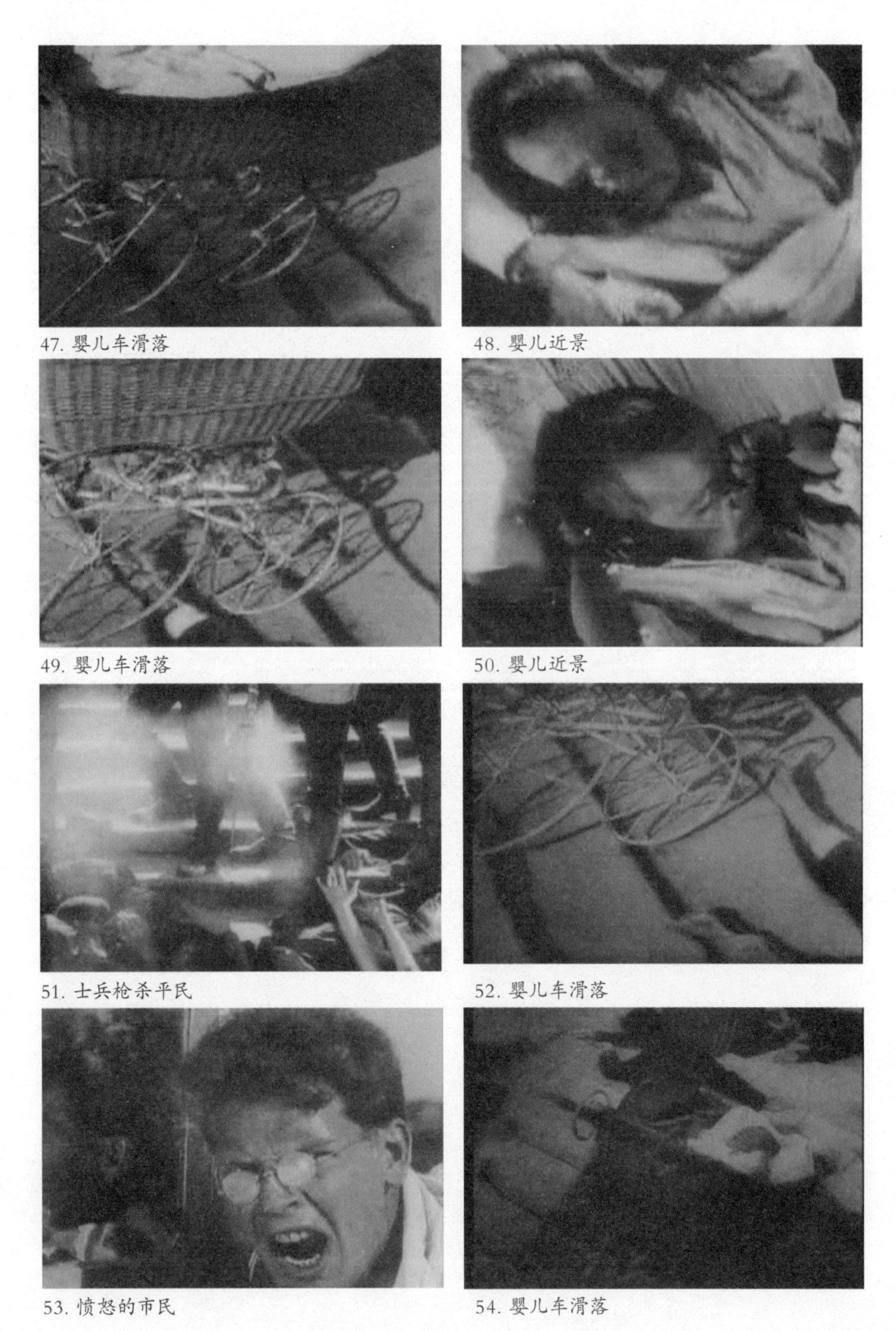

47. 婴儿车滑落

48. 婴儿近景

49. 婴儿车滑落

50. 婴儿近景

51. 士兵枪杀平民

52. 婴儿车滑落

53. 愤怒的市民

54. 婴儿车滑落

55. 士兵砍杀市民

56. 士兵砍杀市民

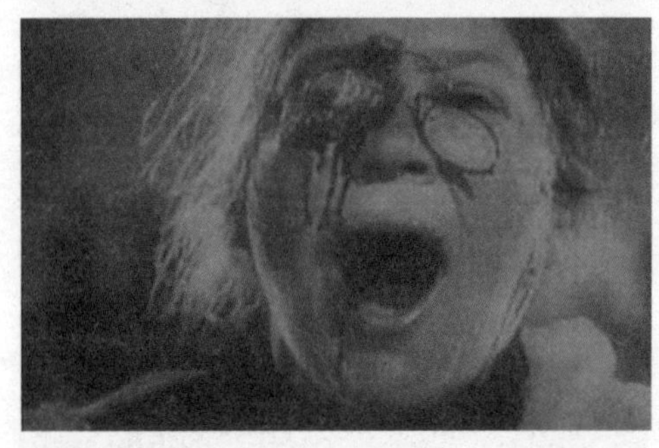
57. 被砍伤的市民

从婴儿车出现到婴儿车滑下，一共54个镜头，其中，涉及婴儿和婴儿车的镜头19个，涉及母亲的镜头15个。以母亲中弹为例，在大屠杀现场，母亲从中弹到躺在地上，不过几秒钟时间，爱森斯坦却把这几秒钟时间（从镜头11到镜头39）延展到了56秒。他把母亲倒地的过程分解为11个镜头，依次是镜头14、16、17、19、20、21、22、26、31、33、39，中间则穿插了婴儿车、婴儿、沙皇士兵、阶梯全景等17个相关镜头，依次是镜头11、12、13、15、18、23、24、25、27、28、29、30、34、35、36、37、38。

关于母亲的11个镜头中，有特写、近景、中景、小全景，有仰视、平视、俯视，从不同的角度表现她倒地的过程，对表达悲愤、渲染剧情发挥了很好的作用。我们可以设想，如果爱森斯坦从一个角度去拍摄母亲倒地的过程，结果会怎样呢？一是视角单调，不能够全方位展现细节，以累积对侩子手的愤怒，以及对婴儿命运的担忧。二是不利于剪辑，因为每一次镜头穿插，都会让观众感觉生硬、别扭。

母亲中弹倒地后，还有一个让我们牵肠挂肚的人，就是那个躺在婴儿车中的孩子。在陡峭的阶梯上，在侩子手的乱枪下，在慌乱的人群中，这个弱小的生命将面临怎样的命运？

关于婴儿和婴儿车的镜头有19个，特别是后面的一组镜头（镜头46、47、48、49、51、52、53、54、55、56），剪辑的节奏越来越快，将影片的情绪也推到了极点。

案例2：《低俗小说》

导演：昆汀·塔伦蒂诺

上映时间：1994年

获奖情况：第47届（1994年）戛纳国际电影节金棕榈奖

该片堪称世界影坛非线性的叙事电影的代表作。影片由6个彼此独立而又紧密相连的故事构成，结构巧妙，寓意深刻。其中，有一个注射肾上腺素的段落，充分运用了时间延展的剪辑手法。

以下是该段落的截图：

1. 文森特举针欲扎

2. 米娅特写

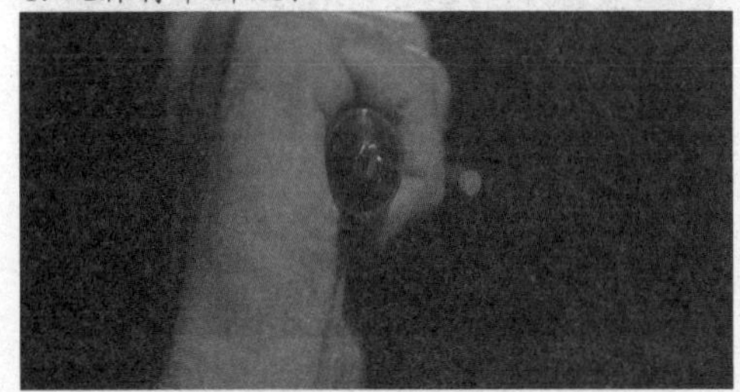

3. 文森特手部特写

4. 兰斯读数并观望

5. 紧张的文森特不知所措

6. 米娅胸部特写，注射处做了记号

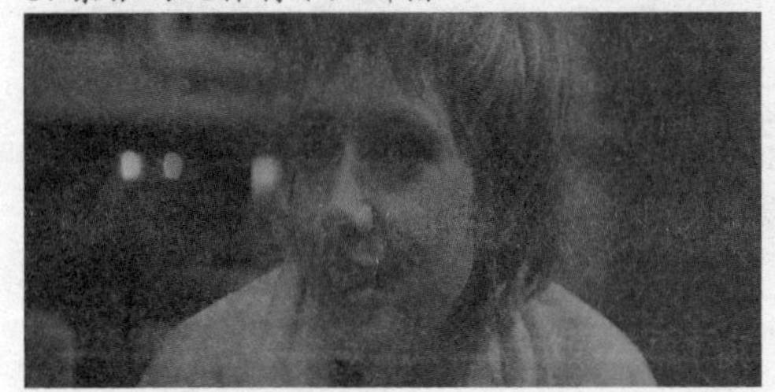

7. 观看文森特扎针

8. 文森特准备扎针

9. 文森特猛然扎针

10. 受到刺激的米娅苏醒过来

11. 米娅苏醒后的全景

12. 米娅从地上起身

13. 米娅缓过神来

14. 客厅全景

马沙·华莱士是在洛杉矶只手遮天的黑社会老大，因有事外出，委托手下文森特照看自己的妻子米娅，有毒瘾的文森特离开马沙后，到毒贩兰斯那里买了一包海洛因。晚上，文森特接米娅外出就餐，两人度过了一个愉快的夜晚。归来后，米娅在文森特上厕所的时候，无意中从他的外衣口袋里找到了那包海洛因，并吸食起来，文森特从厕所出来后，发现米娅因吸食过量已经昏死过去，惊恐万分的文森特赶紧驾车把米娅送到毒贩兰斯的家里。为了抢救米娅，必须马上注射肾上腺素。遗憾的是，文森特与兰斯都没有注射过，在这千钧一发之际，编剧、导演是怎样处理的呢?

导演并不急于让文森特完成注射动作，在注射前，通过设置找药和争吵环节，做了大量铺垫，以营造紧张气氛。注射过程中，则加入了兰斯、米娅等四个相关镜头（镜头2、4、6、7），让观众满怀期待。

毒贩兰斯焦急地为文森特读数，惊慌失措的文森特手握注射器，如箭在弦，不得不发，硬着头皮给米娅注射肾上腺素。读数的时间并不长，但导演硬是把几秒钟的注射时间延展到了20秒，可谓做足了悬念，吊足了观众的胃口。

从技术层面看，镜头2、3、6、7为推镜头，推摄形成的镜头动感使得现场气氛更加紧张，而从剪辑节奏上看，镜头8、9、10、11、12都非常短，与前面的几个铺垫镜头形成了轻重疾徐关系。前面的推镜头是酝酿情绪，虽然情绪饱满但镜头节奏和缓，且寂无声息；而后面的扎针过程则使用快切镜头，配合米娅的叫声，使积聚已久的情绪得到瞬间释放。米娅醒了，文森特心中的一块石头终于落了地。

案例3：《雁南飞》

导演：米哈依尔·卡拉托佐夫

上映时间：1957年

获奖情况：第11届（1958年）戛纳电影节金棕榈奖

由米哈依尔·卡拉托佐夫执导的《雁南飞》是前苏联经典影片，其中，男主角鲍里斯中弹牺牲的段落运用了时间延展的手法。在与德国法西斯作战时，鲍里斯背负着受伤的战友行走在丛林中，在两人休息的时候，突然一声枪响，鲍里斯被子弹击中，在倒下的过程中，顺着他仰望天空的视角，摄影机摇拍树冠，同时叠化出他跑上楼梯与新娘维罗妮卡举办婚礼的热闹场景。

以下是该段落的截图：

1. 鲍里斯背着战友在树丛中行进

2. 鲍里斯放下战友休息

3. 鲍里斯与战友交流

4. 鲍里斯突然中弹

5. 鲍里斯倒下时的脸部特写

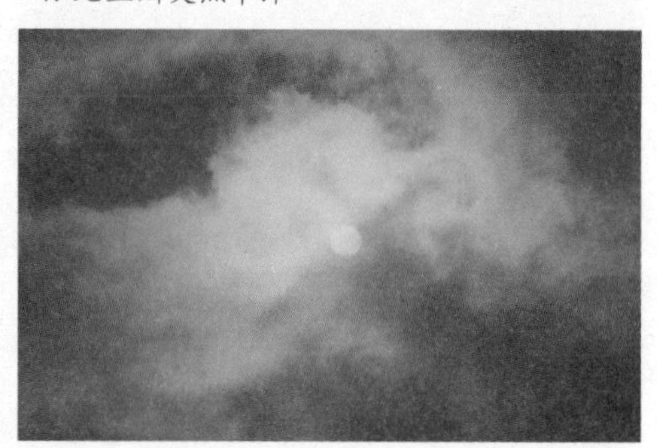

6. 乌云遮日

7. 鲍里斯倒下

8. 战友呼叫

9. 鲍里斯脸部特写

10. 鲍里斯抓住树干不想倒下

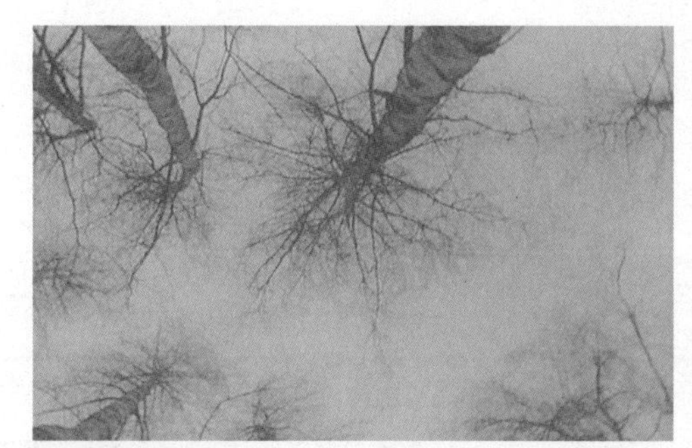
11. 摇拍树冠

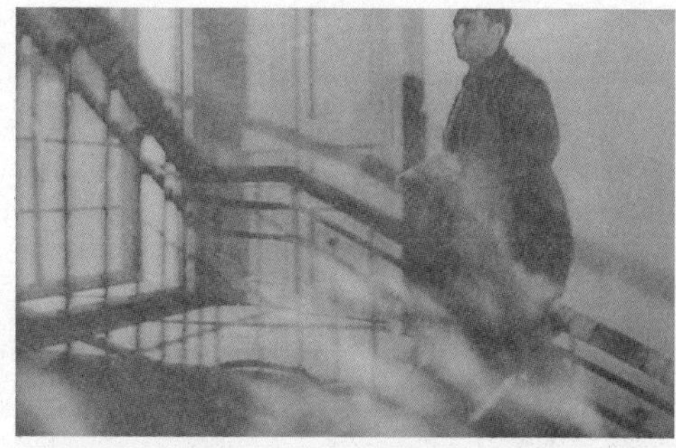
12. 叠化场景之一：鲍里斯跑上楼梯

13. 叠化场景之二：鲍里斯迎娶新娘

14. 叠化场景之三：鲍里斯携新娘走下楼梯

15. 叠化场景之四：鲍里斯与新娘拥抱

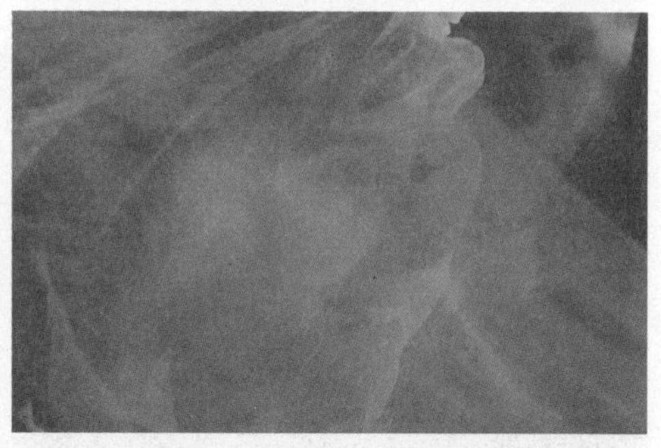
16. 叠化场景之五：新娘脸部特写

17. 叠化场景之六：新娘与欢庆的亲属

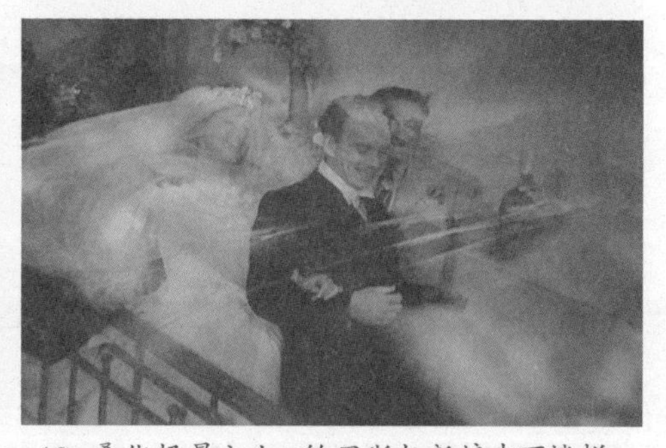
18. 叠化场景之七：鲍里斯与新娘走下楼梯

19. 叠化场景之八：新娘脸部特写

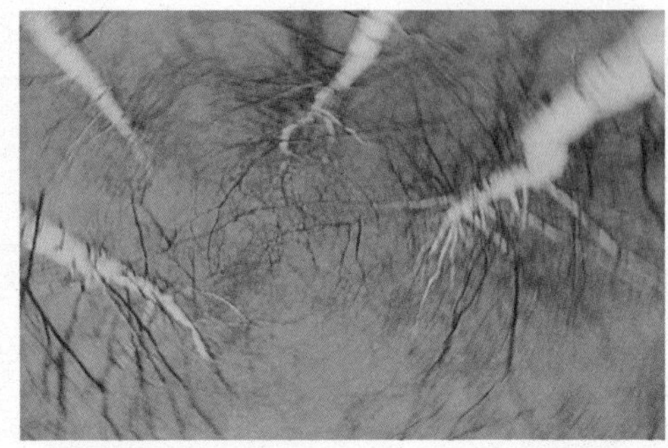

20. 摇拍树冠

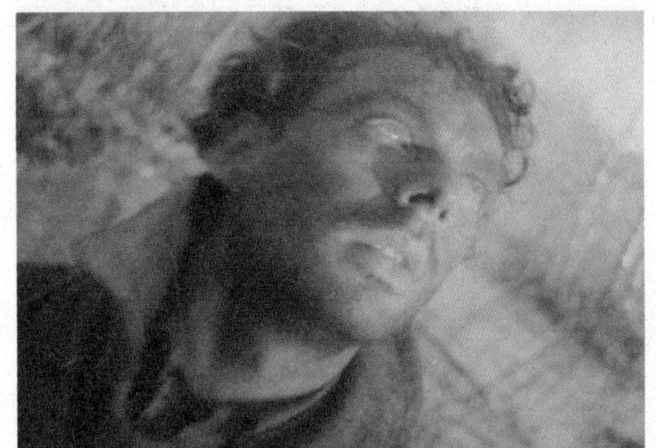

21. 鲍里斯特写

22. 拉出鲍里斯中景

23. 拉出鲍里斯全景

24. 鲍里斯倒在泥水里

在某种特殊的情况下，人物的内心世界往往会产生复杂的心理活动，弥留之际的鲍里斯有很多的遗憾。临行前，他没能见上未婚妻一面，他多么盼望着与维罗妮卡举办一场热闹的婚礼，与心爱的人白头偕老。然而，无情的子弹夺走了他的生命。

死亡本来是瞬间发生的事情，为了表现战争的残酷，导演在鲍里斯中弹倒地过程中，伴随着树冠的旋转，叠化出了乌云遮日、战友呼救、上楼、举办婚礼等镜头，来表现鲍里斯的心理活动，同时也让我们对英雄的死亡生发出悲伤、惋惜的情愫。

一个年轻的生命结束了，他有太多的心愿还没有来得及实现，一切美好只能留待来世。导演将他倒地的时间延展，在悲伤与喜庆之间，累积着人类最真挚的情感，撩拨着观众最敏感的神经。

以上是三个通过剪辑来延展时间的案例，使用该剪辑手法时，我们要注意以下几点：

（1）尽量在故事的高潮段落使用，以制造悬念，累积期待。

（2）将动作进行合理分解，并从多个视角，用不同的景别，进行拍摄和剪辑。

（3）精选插入镜头，以起到渲染情绪的作用。

（4）注意剪辑的节奏，做到张弛有度。

二、通过快拍慢放延展时间

随着摄影技术和非线性编辑技术的发展，时间的延展不仅可以通过剪辑完成，也可以通过镜头的快拍慢放来实现。

早期的电影拍摄、放映速度是每秒16格，一格为一幅画面，后来发展成为每秒24格，这一模式一直沿用至今。而常规的电视（PL制式）拍摄、播放速度是每秒25帧，每帧为一幅画面，相当于电影中的一格，只是叫法不同。超过这个标准的为升格拍摄，反之叫降格拍摄。最低的降格拍摄速度为每秒2格，而升格拍摄可以达到每秒1000格，甚至更高。

高速摄影、慢速播放有两层意义：一是在慢放过程之中，我们可以观察到肉眼看不到的景象和细节；二是慢放形成的视觉效果具有新奇性和独特的审美特征。

案例4：《暂留时空》

导演：菲尔·费尔克拉夫、菲尔·法兰克

上映时间：2007年

以下是《暂留时空》的视频截图：

1. 子弹将穿过马桶（1）

2. 子弹穿过马桶（2）

3. 子弹穿过马桶(3)

4. 子弹穿过马桶(4)

5. 飞镖穿过气球(1)

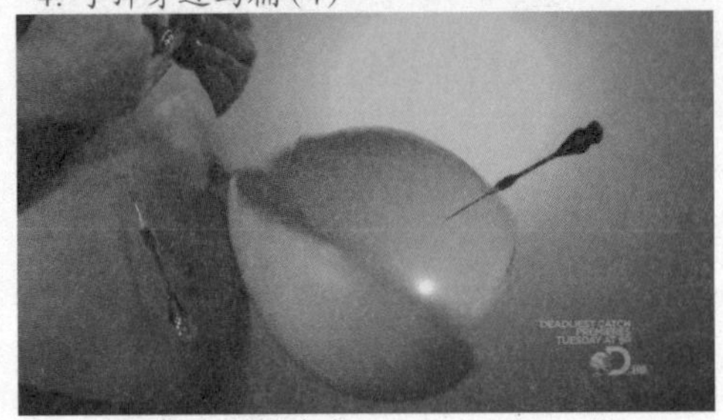

6. 飞镖穿过气球(2)

7. 飞镖穿过气球(3)

8. 飞镖穿过气球(4)

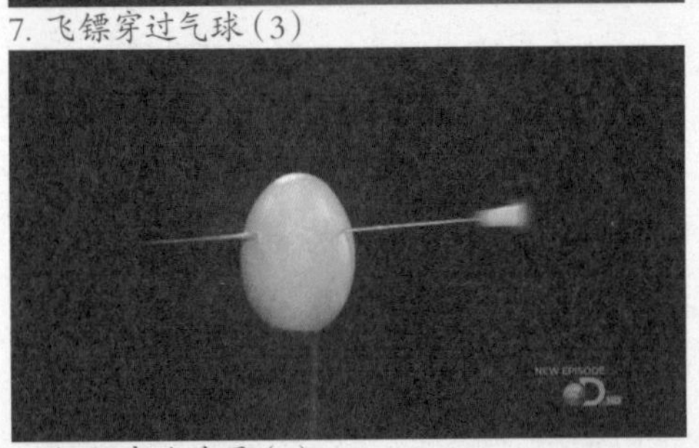

9. 钢针穿过鸡蛋(1)

10. 钢针穿过鸡蛋(2)

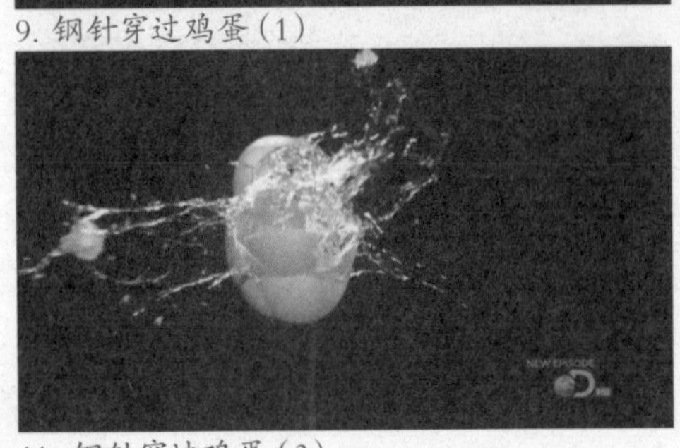

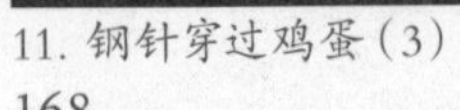

11. 钢针穿过鸡蛋(3)

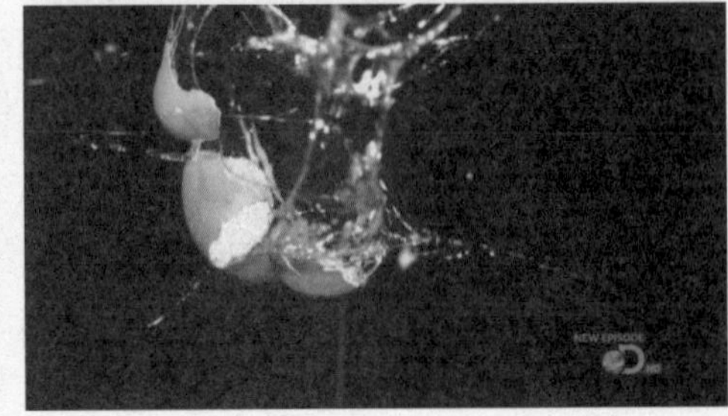

12. 钢针穿过鸡蛋(4)

13. 钱币游戏(1)

14. 钱币游戏(2)

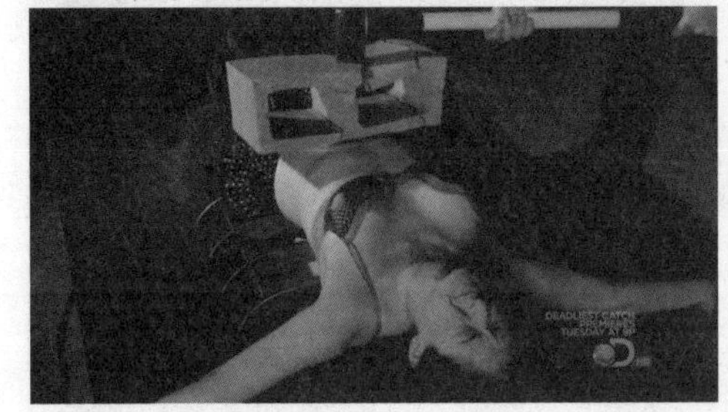
15. 刀背上的游戏(1)

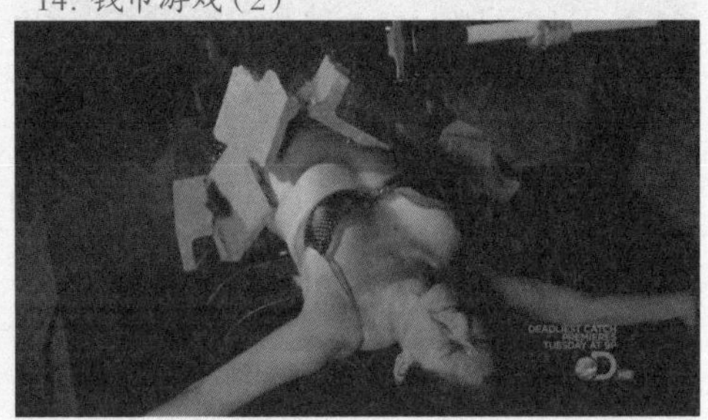
16. 刀背上的游戏(2)

升格拍摄或高速摄影之后,再按照正常速度播放,我们会发现肉眼观察不到的细节。像马桶被子弹击穿、飞镖插破气球、钢针穿越鸡蛋,这些细节如果用正常速度拍摄,肉眼是无法观察到的。这一观察细节的方法,也被许多科学家用来进行科学研究,像动物学家用它来研究动物的捕食过程,汽车专家用它来研究汽车的防撞功能等等。

快拍慢放不仅能满足人们观察细节的需求,还能带来审美愉悦。比如,赛场上运动员百米冲刺的动作慢放,跨栏比赛的动作慢放,篮球运动员飞身灌篮,等等,那是力量、技术和人体美的极致,带给我们观赏的快感。

镜头内的时间延展有三种实现办法:一是升格拍摄(高速摄影)正常播放;二是正常拍摄慢速播放,这种方法主要借助非线性编辑机实现;三是利用电脑编程,借助照相机实现,最经典的例子当属《黑客帝国》中翠尼蒂的腾空动作。

案例5:《黑客帝国》

导演:安迪·沃卓斯基

上映时间:1999年

获奖情况:第72届(2000年)奥斯卡金像奖最佳剪辑、最佳音响、最佳效果、最佳音效剪辑等大奖

以下是翠尼蒂腾空动作视频截图:

这段视频是数码科技的产物，摄影师把数十架照相机精确地摆放在电脑设定的路线上，按照电脑预先编好的程序依次开启快门，然后把各个角度拍摄的画面编辑在一起，就构成了360度呈现腾空动作的惊艳效果。对待这样的腾空动作，仅靠前面提到的升格拍摄是不行的，因为腾空的幅度较小，再加上视角单一，纵使播放再缓，也营造不出现在的效果。

【小结】

同空间相比，观众对时间的认知并不敏感，就像匈牙利电影理论家贝拉·巴拉兹所说："艺术作品的时间，不是可以用钟点来计算的时间的实际延续。作品'内部'的时间，是一种幻觉。作为人的感官，眼、耳、鼻、口和皮肤均是对空间的感知，我们凭双眼和双耳可以判断空间的距离、大小以及运动的形态，却没有衡量时间的感官，所以人的时间感最不完善，不能觉察时间的稳定流程。"人类的这种认知特点，为影片处理时间提供了可能。在影像大师手中，时间可以大于、小于或者等于叙事时间，可以让观众沉浸在故事情节之中，而感觉不到时间的悄然改变。

时间的拉伸与延展，为影片展示细节、创造美感提供了可能，我们可以通过镜头的反复剪切和镜头内部的拉伸处理来实现时间的延展，为观众奉献高品质的精神食粮。

第四节　时间的定格

在影视作品中，时间可以“等于”现实时间（无缝衔接），可以“小于”现实时间（时间的省略与压缩），可以“大于”现实时间（时间的拉伸与延展），还可以让时间定格在某一瞬间。

将时间定格在某一瞬间，不同于时间的省略和压缩那样在不知不觉中悄然改变，而是一种鲜明的强调，类似于音乐的休止符，只不过休止的是画面，而不是声音。这种手法常常在影片的结尾或高潮部分使用，如《四百击》《虎豹小霸王》《杀死比尔》《精武门》等。戛然定格的画面，对突出细节，强化人物形象，具有重要意义。

案例1：《四百击》

导演：弗朗索·瓦特吕弗

上映时间：1959年

获奖情况：第12届(1959年)戛纳电影节最佳导演奖

弗朗索瓦·特吕弗执导的《四百击》被誉为法国“新浪潮”电影的开山之作，影片最后的长镜头常常被人们提起，孤独无助的安托万从少管所逃离，奔向象征着自由的大海，然而，走近大海的他依然一脸的迷茫，面对不可预知的命运，也许影片最后的定格处理（截图4）是最恰当的。

1. 逃离少管所的安托万奔向大海

2. 不知所措的安托万

3. 安托万一脸茫然

4. 安托万脸部特写（定格）

案例2:《虎豹小霸王》

导演:乔治·罗伊·希尔

上映时间:1969年

获奖情况:第42届(1970年)奥斯卡金像奖最佳摄影、最佳原创剧本、最佳配乐、最佳歌曲奖,入选美国电影协会“百部最佳电影”

片中,布奇·卡西迪和太阳舞小子是两位劫富济贫的江洋大盗,被当地人称为“虎豹小霸王”。在影片的最后部分,两人被玻利维亚士兵围困在一间屋子之中,为了生存,他们并肩冲出屋子,在密集的枪声中,两个人奋勇向前的形象在屏幕上凝结为生命的永恒。

1. 虎豹小霸王被士兵团团围住

2. 两人在屋内畅想着去澳大利亚

3. 冲出屋子

4. 奋勇向前(定格)

5. 定格后,画面做褪色处理

6. 从中景拉出大全景

“虎豹小霸王”被困在屋子里,依然幻想着逃亡澳大利亚的美好生活,面对这样两个勇猛无畏的江洋大盗,导演不忍心让观众看到他们被子弹洞穿的场面,于是采用画面定格的办法,将他们的勇猛瞬间,定格在观众的心目中。需要说明的是，画面定格后声音并没有停滞，伴随着军官的号令和阵阵枪声，两个人的死显得凄美而悲壮。

案例3：《精武门》

导演：罗维

上映时间：1972年

获奖情况：第10届（1972年）台湾电影金马奖优等剧情片、最佳剪辑奖、评委会特别奖、最佳技艺特别奖

陈真是精武馆创始人霍元甲的徒弟，武艺精湛，侠肝义胆。当他得知师傅被害后，瞒着精武馆的师兄弟，独闯日本人开办的虹口道场，以迷踪拳和双节棍，荡平了虹口道场。之后，又手刃了两个日本人派来的奸细，这两人正是毒害师傅的元凶。虹口道场的人找来了租界巡警捉拿陈真，为了不连累精武馆，陈真决然地走出武馆，在刽子手的乱枪中腾空而起，洒脱的身姿在这一瞬间定格，他的侠肝义胆、他的忠勇情怀、他的精湛武艺、他的英雄气概，也在这一刻得到张扬和升华。

以下是该段落的截图：

1. 陈真走出精武馆

2. 堵在门口的租界巡警

3. 陈真特写

4. 陈真腾空而起（定格）

从《四百击》到《虎豹小霸王》到《精武门》，影片结尾处的画面定格有异曲同工之妙。《四百击》将主人公的迷茫推向了极致，并且给我们留下了关于安托万前途命运的诸多猜想；《虎豹小霸王》则有一点美化劫匪的倾向，让两个江洋大盗死得洒脱而悲壮；《精武门》的定格处理，是陈真侠义精神的升华，让观众看到了英雄的壮美，为英雄的死而感动。

案例4:《普通法西斯》

导演:米哈依尔·罗姆

上映时间:1965年

《普通法西斯》被誉为20世纪最杰出的20部纪录片之一,是“人类必看的一部电影”。在《普通法西斯》开头段落,罗姆用定格的手法来表现母子形象,将幸福生活的母子与遭到屠杀的母子进行对比,令人震撼,启人深思。

以下是该段落的截图:

1. 莫斯科街头

2. 妈妈手牵着孩子

3. 妈妈抱起孩子后定格

4. 纳粹枪杀母子的照片

5. 快推至小全景,与镜头3形成对比

6. 妈妈抚摸孩子的前额

7. 被杀害的孩子，手同样放在前额上

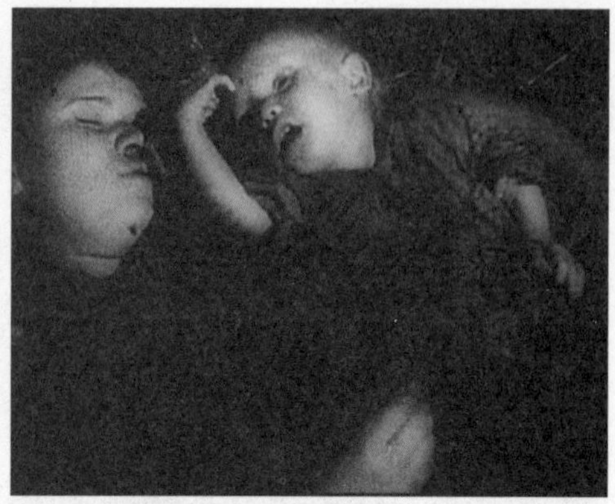
8. 被杀害的孩子，手的姿势同上

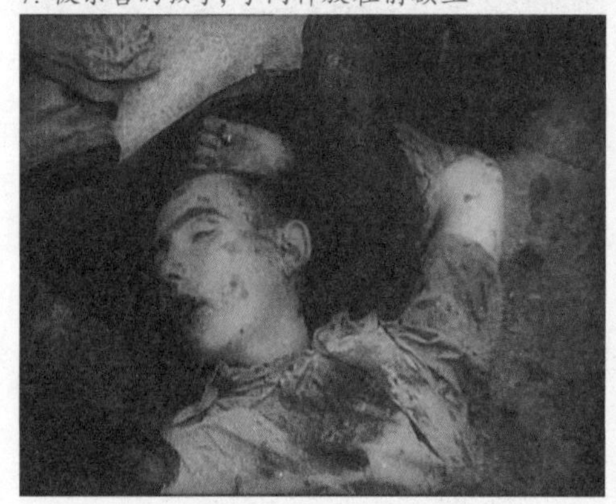
9. 被杀害的孩子，手的姿势同上

10. 陈尸街头

在大街上，当母亲抱起孩子时，镜头变成定格。之后，切换出被法西斯屠杀的母子，伴随着“砰”的枪声，镜头快推至母子的近景。这时候，声音也做了处理，画面的“定”与声音的“静”，仿佛时间在这一刻凝固了。接下来还是一组对比，一个母亲抚摸着孩子的头，画面定格。之后，罗姆又剪接了三个遭到屠杀的孩子，他们的手同样放在额头上。生与死的强烈对比，让我们深思，同样是鲜活的生命，都有生存的权利，法西斯为什么要夺去他们的生命，变成冷血的魔鬼呢？！

【小结】

时间的停滞是十分主观化的编辑技巧，是影片强化细节、塑造形象的重要手段，它的审美意义源于运动与静止的强烈对比。现实时间本来是不断流淌着的，突如其来的停滞，给观众带来强烈的视觉冲击，也迫使观众关注定格的画面，充分地感受画面所呈现的艺术张力。

第五节　变化的时间

前几节，我们介绍了时间的压缩、拉伸、同步和定格。实际上，影片在时间处理上往往是组合使用的，可以与现实时间同步，也可以加速或者放慢，而这种手法多见于武侠电影当中，如《卧虎藏龙》《霍元甲》《功夫》等，导演通过前期的升格、降格拍摄以及后期的加快与放慢处理，使得武打动作时而“静若处子”，时而“动如脱兔”，给人以轻重疾徐、抑扬顿挫、刚柔相济、虚实相生的审美感受。

时间的多元化处理之所以被武侠电影钟爱，与刚柔相济的武术精神有关，也与短兵相接、刀光剑影的武打危险性有关。除非是李小龙、成龙、李连杰这样的武术高手，或者精通武术的替身演员，如果演员不会武功，又想演好打斗戏，就必须求助于前期拍摄和后期编辑。利用降格拍摄，制造快如闪电的打斗节奏；利用升格拍摄，制造出云中漫步般的洒脱；利用快慢变化，彰显轻重疾徐、收放自如、张弛有度、刚柔相济的武术神韵。

案例1：《卧虎藏龙》

导演：李安

上映时间：2000年

获奖情况：第73届（2001年）奥斯卡金像奖最佳摄影、最佳外语片、最佳原创配乐、最佳艺术指导奖

作为华裔国际导演的代表作，李安的《卧虎藏龙》不仅国人喜欢，外国人也喜欢，再一次让世人鉴赏了精妙绝伦的中国功夫。其中，俞秀莲与玉娇龙在镖局大院打斗的段落就十分精彩。

以下是该段落的截图：

俞秀莲与玉娇龙在镖局大院的打斗，堪称中国传统兵器的大展示，单刀、双刀、枪、吴钩、禅杖、铜鞭、长剑，十八般武器，十八般武艺，既展示了中国传统兵器与武术技巧，赚足了外国观众的眼球，又突出了重要道具——青冥剑的威力，诸般兵器都无法与青冥剑抗衡，但导演要表达的绝不限于这些，而是中国传统的武术文化。俞秀莲虽然在器械上处于劣势，但她凭借丰富的江湖经验和扎实的武术功底，在打斗中处于优势地位。

《卧虎藏龙》的成功，源于李安的情感表达技巧，源于袁和平精湛的武术指导，也源于摄像师深厚的拍摄功力。这一切，使得两个没有武术功底的演员——章子怡和杨紫琼，在短兵相接、危机四伏的打斗中，表现得挥洒自如、有模有样。

这个段落采用每秒22格的速率拍摄，这样的拍摄速率，使得一场紧张激烈的打斗，变得如闲庭信步，既弥补了演员的武功欠缺，又保证了打斗的激烈程度。

案例2：《霍元甲》

导演：于仁泰

上映时间：2006年

获奖情况：第26届（2007年）香港电影金像奖最佳动作指导奖

于仁泰导演的《霍元甲》无疑是武侠电影的楷模，其中，霍元甲与张健高台比武段落堪称经典，影视时间在这个段落中十分灵活，时而拉伸，时而压缩，时而与现实时间同步。灵活的处理手法让前期拍摄变得轻松自如，为后期剪辑留下了改造余地，同时，也赋予影片张弛有度、刚柔相济的艺术气质。

这个段落的大部分镜头采用降格拍摄，上面的四个镜头拍摄速率为每秒22格。速率也可以根据实际情况灵活调整，常用的速率有每秒13格、18格、20格、22格和23格。后期编辑时，以每秒24格的速率播放，既加快了打斗的节奏，又不让观众感觉虚假。

中国武术的艺术魅力，在于虚实结合、刚柔相济、疾徐有致。在短兵相接的顿、挫处，《霍元甲》采用了升格拍摄的手法，为后期的时间拉伸做好了铺垫。如镜头5，霍元甲的飞身动作采用升格拍摄，或者慢放处理，通过时间的拉伸，让我们感受到他的轻灵洒脱。再如镜头7和镜头9，摔的动作和出拳的动作都做了慢速处理，这些动作以及对打过程中的腾空、起脚等动作，都可以看成是武打动作的“挫”，有抑、有扬、有顿、有挫，给观众以酣畅淋漓的视觉享受。

升格拍摄常用的速率为每秒48格、96格、300格，而高速摄影一般为每秒1000格，或者更高。

当然，该段落并不是一味地加速与放慢，其间还有一些与现实时间同步的镜头，正是这种时间处理的多元化，营造了酣畅淋漓的视觉效果。像《霍元甲》这样的时间处理案例还有很多，如弗朗西斯·卡波拉导演的《惊情四百年》（*Bram stoker's Dracula*），为了凸显吸血鬼以超自然的方式突然接近猎物的效果，摄影师迈克尔·巴豪斯使用计算机控制摄影机的光圈和拍摄速度，拍摄速率在每秒24格和8格之间流畅地变换，使得吸血鬼的动作呈现出快与慢的强烈变化。

案例3:《功夫》

导演:周星驰

上映时间:2004年

获奖情况:第24届(2005年)香港电影金像奖最佳电影、最佳剪辑、最佳视觉效果等奖项

在电影《功夫》中,包租公、包租婆空中出拳是升格处理,制造了慢动作的效果,而邪神截击包租公、包租婆的两拳,则采用了局部降格的手法,快与慢对比,使得邪神的两拳更突然、更具爆发力。

1. 包租公、包租婆出拳慢动作

2. 邪神出拳为快动作

3. 包租婆被邪神踢开为慢动作

4. 邪神出拳为快动作

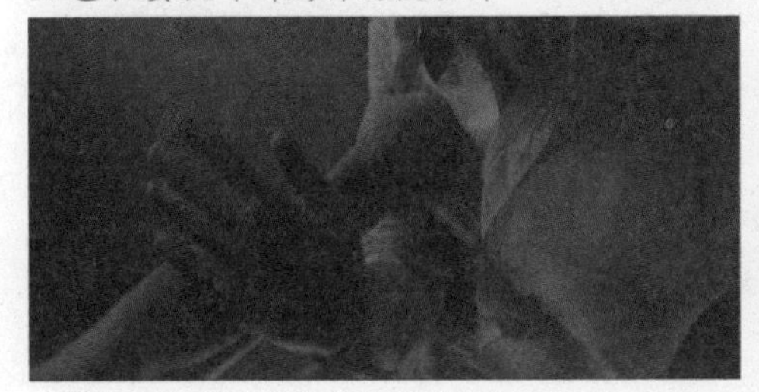

5. 包租公与邪神交手为慢动作

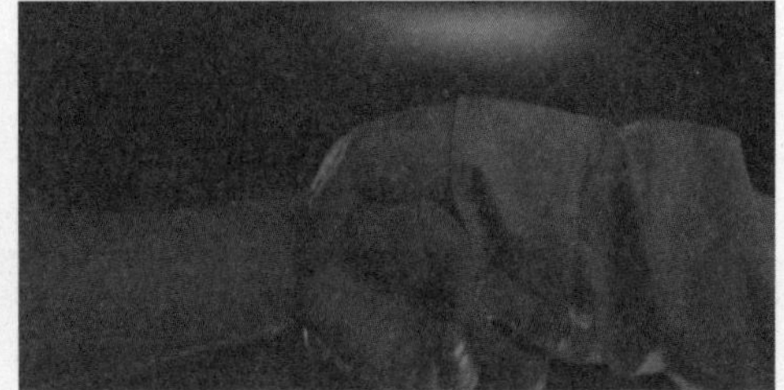

6. 包租公与邪神交手为慢动作

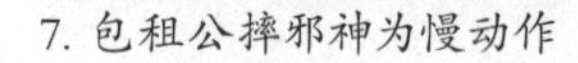
7. 包租公摔邪神为慢动作

8. 邪神摔包租公为快动作

【小结】

影像作品作为时空艺术，在时间处理上非常灵活，既可以与现实时间同步（无缝衔接），又可以压缩、拉伸与定格，还可以有张有弛、有快有慢，呈现出多元化的状态。

当然，时间形态的变化要服从剧情的需要，要利于表达思想与情感，上述《卧虎藏龙》《精武门》和《惊情四百年》等影片，无疑为我们处理时间做出了榜样，也带给我们酣畅淋漓的视觉享受。

第五章 影像编辑的词法——空间关系

空间与时间本来是两个不可分离的影像元素，时间附着在空间上，不能脱离空间而存在。当我们构思故事、结构全片的时候，首先考虑的是时间概念，即按照时间关系谋篇布局，一旦结构确立，我们开始操刀编辑的时候，空间思维就成了首当其冲的问题。大家常说的形象思维，其实就是空间思维。因为所有的形象都是在空间中存在的，我们按照空间的概念，对素材进行初步的梳理和整合，编出一个基本的框架，这是编辑的最基础工作，也是本章要讲解的内容。

首先，让我们对影像空间作一个基本的界定。所谓“影像空间”，是指影像工作者通过镜头呈现给观众的现实场景，这里边至少有以下几层意思需要说明：

（1）影像空间是两维的，在一定比例的画框内呈现，常见的画框比例为4∶3、16∶9。我们在编辑某一场景的时候，需要选择不同视角、不同景别的镜头构建一个相对完整的影像空间。

（2）摄像机不同于人眼，在摄影师的操控下，可以虚化前景或后景，以便突出拍摄的主体；也可以利用光影、光圈、速度、焦距、物距、构图等手段，有选择地呈现现实景象，并尽可能地还原三维立体空间。

（3）影像空间不完全等同于我们从银幕或屏幕上看到的空间，在画框之外还存在一个画外空间。比如，我们看见一个人头，可能会根据生活的经验、阅历，通过想象去补足这个人的整体形象。再比如，我们在小学校长的办公室内听到广播体操的声音，脑海中就会浮现出学生正在做操的形象。也就是说，通过声音、局部形象，完全可以延伸出另外一个空间——一个想象中的空间。这个画外空间用好了，比画内空间更具艺术感染力。还记得《西线无战事》中那只逐渐僵硬的手吗？还记得《勇敢的心》中民族英雄威廉·华莱士就义的场面吗？对于死亡，我们没有必要表达得那么直接，太直接了反而会亵渎英雄的形象。

（4）影像空间不是现实生活场景的全部，而是有选择地呈现，编辑可以根据剧情的需要选择镜头。既可以回避某些东西，又可以强调某些东西，有意引导观众的注意力。

处理空间关系是影视编辑的一项基础工作，也是非常重要的工作。其中有很多的原则和技巧，必须处理好以下几组关系：点面关系、递进关系、并列关系，以及因果、呼应、对比、类比、交叉、虚实等关系。

第一节　点面关系

众所周知，影片是由一个个场景组成的，当我们再现一个场景的时候，有一个基本的原则就是点面结合、层次分明。争取用最准确、最合适并且尽量少的镜头，去交待环境，展现细节，讲述故事。我们把这种基本的空间理念概括为全景交待环境，中景交待关系，特写展示细节。

一般来说，我们在处理空间上要比处理时间更为谨慎，因为时间的压缩、拉伸或者同步经常被观众忽视，而空间处理的每一处疏忽都会引起观众的注意。比如越轴问题，机位变化带来的视角错乱会让观众感觉十分别扭。再比如空间的残缺不全问题，缺少必要的全景或者特写，都不能满足观众的收视需求。

本节讨论的点面关系，即局部与整体的关系，是非常重要的空间关系。日常生活中，我们评价一个人时，常说“评头论足”，这“头”与“足”是最能反映一个人的性格特点的，是评价这个人必不可少的“点”。人的精神气质主要集中在“头”上，少了这样的局部特写，仅有这个人的总体印象，或者说“面”上的情况，是不行的，缺乏视觉冲击力，人物形象就不饱满。所以，聪明的文学家们都爱描写诸如“头”、“手”、“眼睛”这样的局部和细节。

我们看看曹雪芹在《红楼梦》中是怎样描写王熙凤的：

一语未了，只听后院中有人笑声，说：“我来迟了，不曾迎接远客！”黛玉纳罕道：“这些人个个皆敛声屏气，恭肃严整如此，这来者系谁，这样放诞无礼？”心下想时，只见一群媳妇丫鬟围拥着一个人从后房门进来。这个人打扮与众姑娘不同，彩绣辉煌，恍若神妃仙子：头上戴着金丝八宝攒珠髻，绾着朝阳五凤挂珠钗，项上戴着赤金盘螭璎珞圈，裙边系着豆绿宫绦，双衡比目玫瑰佩，身上穿着缕金百蝶穿花大红洋缎窄褃袄，外罩五彩刻丝石青银鼠褂，下着翡翠撒花洋绉裙。一双丹凤三角眼，两弯柳叶吊梢眉，身量苗条，体格风骚，粉面含春威不露，丹唇未启笑先闻。黛玉连忙起身接见。贾母笑道：“你不认得她，她是我们这里有名的一个泼皮破落户儿，南省俗谓作‘辣子’，你只叫她‘凤辣子’就是了。”

曹雪芹写王熙凤，从头写到脚，有“我来迟了，不曾迎接远客！”的画外空间；有“丫鬟围拥着”走进来的全景展示；有从头到脚的观察、描摹，类似于影视中的“摇摄镜头”；有“一双丹凤三角眼，两弯柳叶吊梢眉”“粉面含春威不露，丹唇未启笑先闻”的脸部特写。其中，最出彩的莫过于王熙凤的脸部特写，这种点面结合的写人手法在影像作品中同样俯拾皆是。

案例1：《蓝风筝》

导演：田壮壮

上映时间：1993年

获奖情况：1993年夏威夷国际电影节最佳电影奖；东京国际电影节最佳电影奖、最佳女演员奖

影片记录了北京四合院里一个普通人家的生死沉浮。我们撇开思想内容不谈，仅从摄影与剪辑的角度，说说影片中特写镜头的使用。

影片开头部分，在铁头父母林少龙和陈树娟的婚礼上，有两个耐人寻味的特写镜头：一个是林少龙的好友李国栋送来的陶马，在大家齐声高唱的时候脑袋掉下来；一个是林少龙和陈树娟听到姐姐讲述姐夫战死沙场，夫妻不能团圆的时候，两个人的手在背后紧紧地握在一起（见右图）。

1. 在婚礼上，大家齐声高唱革命歌曲

2. 在大家高声歌唱的时候，陶马的头掉下来

3. 在喜宴上，姐姐讲到与姐夫的婚姻

4. 林少龙下意识地从背后紧握陈树娟的手

5. 林少龙与陈树娟表面上若无其事

聪明的导演，总是喜欢用特写镜头，用生活细节的"点"来讲故事。第一个特写镜头，陶马的头在众人齐声高唱的时候掉了下来，预示着一对新人的婚姻在泥沙俱下的时代大背景下变得十分脆弱，就像那风中飘动的风筝，随时都有脱线的危险。第二个特写镜头，林少龙从背后紧紧握着陈树娟的手，生怕失去了对方，然而这种本能的保护，难以抵挡住时代洪流的冲击，林少龙被划成右派，遣送东北进行劳动改造，后被倒下的大树压死。为了生存下去，陈淑娟又嫁给了林少龙的好友李国栋。这个心地善良、寡言少语的汉子，因积劳成疾而过早地撒手人寰。孤独无助的陈树娟为了儿子铁头，不顾母亲和哥哥的反对，又改嫁给了比自己大很多的高干吴雷生，而这个吴雷生在造反有理的年代，同样未能逃脱悲惨的命运。两个特写镜头，两个命运的隐喻，启人思考，耐人寻味。

案例2：《马语者》

导演：罗伯特·雷德福

上映时间：1998年

获奖情况：第71届（1999年）奥斯卡金像奖最佳原创歌曲提名奖

《马语者》是一部温婉深情的影片。片中优美的画面、真挚的情感以及心灵沟通的哲理思考，像一条潺潺流淌的小溪，滋润着观众的心田。

影片的剪辑节奏舒缓流畅，空间构成脉络清晰。影片开头从格蕾丝的梦境开始，一匹骏马奔驰在无垠的旷野上，先是小全景（截图1），之后是大全景（截图2），格蕾丝畅想着骑马飞奔（截图3），从梦境到格蕾丝卧室的过渡是通过两个摆件来完成的，镜头从马踏积雪的近景(截图3）叠化出室内的摆件（截图4）——一个运动的人，之后又切换出另一个摆件（截图5），空间的转换自然而流畅。

格蕾丝的镜头从特写（截图6）开始，之后是一个全景的摇镜头，紧接着剪辑了一个从窗子张望的特写。之后，是窗外美丽的雪景（截图10），兴奋的格蕾丝离开窗子（截图11），手提靴子走出卧室（截图12），她要去找好朋友朱蒂，一起骑马。

1. 梦境中奔驰的马（全景）

2. 梦境中奔驰的马（大全景）

3. 梦境中奔驰的马（近景）

4. （叠化出）室内摆件

5. 室内摆件

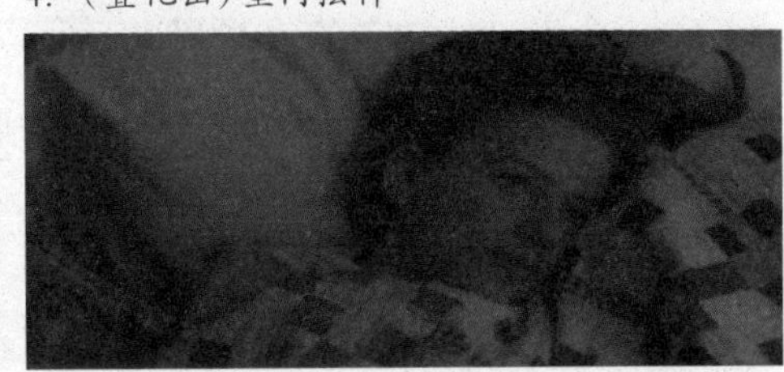

6. 格蕾丝从梦中醒来（近景）

7. 格蕾丝起床（摇镜头）

8. 格蕾丝边穿衣，边走向窗口。

9. 格蕾丝从窗户向外望（特写）

10. 窗外的雪景（全景）

11. 格蕾丝离开窗子（特写）

12. 格蕾丝手提靴子走出卧室

这个段落的空间构成及过渡十分合理，既有特写的“点”，又有交代环境的“面”。关于格蕾丝的几个脸部特写，表情鲜活生动，反映了格蕾丝梦中醒来，渴望雪野飞奔的心理状态。

这个看似波澜不惊的开头，为朱蒂的死、格蕾丝的受伤、安妮与汤姆的感情纠葛等埋下了伏笔，也顺利地拉开了整个故事的序幕。

人物形象的塑造，离不开反映人物性格特征的“点”，像眼睛、手、脚、耳朵等等。这些局部的视觉空间，将人物的细节放大，有效地吸引观众的注意，让观众充分地观察、思考。因此，这些看似促狭的空间结构，实际上充满了艺术的张力。前苏联电影导演米哈伊尔·罗姆认为，细节镜头是导演控制观众的重要手段，导演设计的镜头应当让观众没有选择的余地，对观众来说，导演就是“独裁者”：

> 导演应当明确规定观众应该往哪看和怎么看。他设计的镜头，应当使观众没有自由选择的余地，使观众所注意的人物、细节是他这时必须注意的人物细节。从这方面来说，导演就是一个对观众实行独裁的人。
>
> ——《场面调度》

在空间结构上，我们常说的点面结合，不仅指人物形象的塑造，也指环境空间的营造。众所周知，早期电影都是“舞台指挥式”拍摄，在固定的机位，用大全景构图，一个镜头拍到底，不需要剪辑，也谈不上空间的变化。随着蒙太奇理念的萌芽、发展、成熟，出现了分镜头拍摄，出现了分镜头剪辑，人们开始审视镜头的空间结构，尝试着用不同视角、不同景别的镜头，来构建一个完整的场景，这样的例子比比皆是。先看看日本电影大师小津安二郎的代表作《东京物语》，看他是怎样营造电影空间的。

案例3：《东京物语》

导演：小津安二郎

上映时间：1953年

小津安二郎是蜚声国际影坛的日本导演，他以家庭伦理为取材对象，着力展现当下社会的人情世故。他的电影仿佛是一幅幅日本乡风民俗的风情画，在看似平静的镜头中，流淌着浓浓的情愫。

《东京物语》是小津安二郎作品中最受欧洲电影人推崇的一部，讲述了一对老年夫妇从港口小镇——尾部到东京看望子女的故事。除了二儿媳纪子外，长子幸一、大女儿志家都表现得很冷淡。为了表现儿女与父母之间的情感疏离，小津安二郎把无关情感的所有元素都进行了“静态”处理，用镜头拍摄与剪辑的“静”，来衬托人物内心情感的“动”。同欧洲主流电影相比，其场面调度、空间构成都很有个性，如：低机位、仰角拍摄，越轴拍摄与剪辑，不使用特写镜头，无技巧镜头切换，等等。

小津安二郎喜欢在段落与段落之间用场景镜头过渡。这些场景镜头中，虽然没有故事的主角出现，但不能说与人物无关，他用精选出来的场景镜头，为故事的发展和人物形象的塑造，搭建起了一个有象征意义的舞台背景。

以下是影片开始时几个场景镜头的截图：

1. 日本尾道（广岛附近的港口小镇）

2. 栗吉伐木店外的街道，孩子们去上学

3. 一列火车穿越小镇

4. 火车的近景

5. 小镇一隅

6. 周吉查看列车时刻表

7. 周吉特写

8. 周吉与夫人富子收拾行囊

镜头1是港口小镇——尾部的全景，占据画面1/3的石塔是日本传统文化的符号，赋予场景以地域特色。镜头2是“栗吉伐木店”外的街道，是尾部小镇的一个局部，一群孩子背着书包去上学，既展现了场景空间，也交代了时间。镜头3和镜头4是一列火车穿越小镇。火车作为交通工具，连接起了小镇尾部与大都会东京，也让周吉萌生了去东京看望子女的想法，而火车的汽笛声，仿佛在催促着周吉与夫人富子远行的脚步。镜头5是一栋典型的日本民居，镜头6是周吉与夫人收拾行囊。

前面的5个镜头看似与主人公没有关联，实际上是在为故事做铺垫，看完整部影片后，再来回味这组镜头，我们会品出更多的意味。并不像某些人评价的那样，只是为了展现小镇的风情。小津安二郎在运用这些镜头的时候，一定费了很多心神，五个镜头每个镜头都有意味，既有小镇的全景，“面”上的情况，又有小镇的街道，“点”上的情景，从电影空间的角度为故事情节的发展做了很好的铺垫。

《东京物语》的第二个段落是周吉夫妇来到东京，按照好莱坞导演的惯常手法，会使用一个蒙太奇段落，选择几个上车、乘车、下车、接站的镜头进行过渡，但小津安二郎没有这样做，他用下面的一组场景镜头直接转场。

9. 东京市江东的烟囱

10. 东京市江东车站

11. 东京市江东街景

12. 平山医院招牌

13. 晾晒的衣服，后面是一群行走的孩子

14. 平山幸一的妻子平山文子打扫房子

镜头9是一排冒着烟的烟囱。这个镜头大概有两层意思：一是给大儿子的家居环境定了一个位，即东京的偏远郊区，为后面周吉与老友交谈时对儿子的失望埋下了伏笔；二是冒出的烟雾，说明工厂正在运转，战后的日本经济逐渐活跃起来，生活节奏的加快，也带来了亲情的疏离，这是整部影片的社会背景。

镜头10和镜头11应该是一个小车站，只有两个人在铁道旁百无聊赖地交谈，这两个镜头与前面那个烟囱镜头，向观众交待了周吉长子——幸一居住的大环境。

镜头12是幸一医院的招牌近景，镜头13是幸一医院窗外的景象，晾晒的衣服后面是一个土坡，有几个玩耍的孩子正从坡顶上走过，镜头14是儿媳为了迎接公公婆婆的到来而打扫房间。

在小津看来，上车、乘车、下车、接站这些镜头对表现主题来说毫无意义；相反，儿媳在家中迎接公公婆婆所呈现出来的日本传统礼仪和情感关系，才是最有意义的。

在这一组镜头中，前三个镜头是东京市江东区的景象，是幸一家的大环境，后两个镜头是幸一家的小环境，从空间构成上，既有“面”上的大环境，又有“点”上的小环境。最重要的是，这组镜头所展现的内容，与剧情息息相关，正是这样的环境，造就了人物情感的变化。

案例4：《盗梦空间》

导演：克里斯托弗·诺兰

上映时间：2010年

获奖情况：第83届（2011年）奥斯卡金像奖最佳摄影、最佳视觉效果、最佳音效剪辑、最佳音响效果奖

《盗梦空间》，又名《奠基》《开端》等，是导演克里斯托弗·诺兰继《蝙蝠侠前传2:黑暗骑士》之后奉献的又一部力作。

以下是影片开头部分的镜头截图：

1. 惊涛拍岸（摇镜头）

2. 浪花激溅

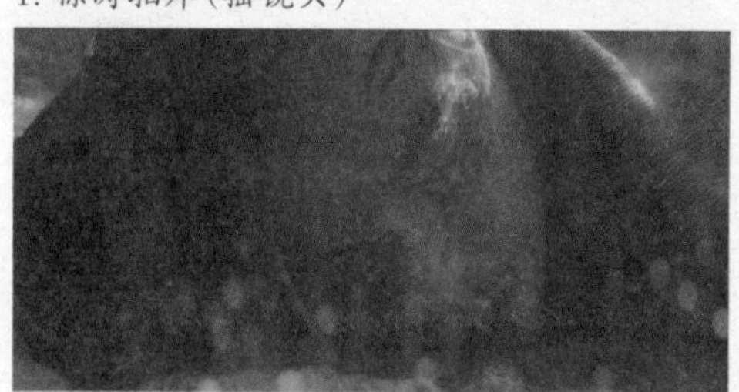
3. 道姆·科布听到孩子的声音

4. 玩沙子的孩子（虚实变换镜头）

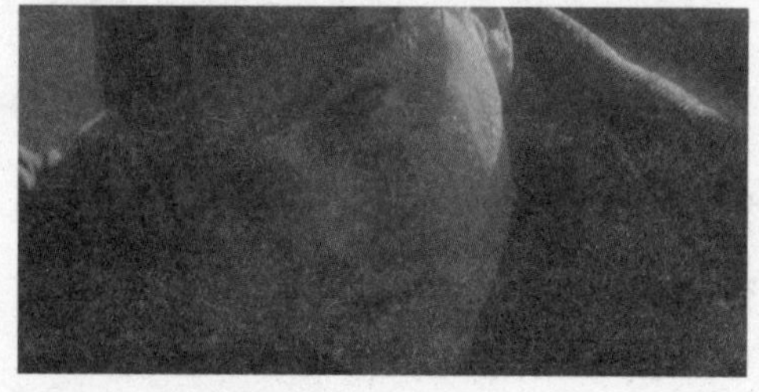
5. 道姆·科布望着玩沙子的小孩

6. 沙滩上的两个孩子

7. 道姆·科布渴望孩子们发现自己

8. 孩子发现了道姆·科布，发出惊叫声

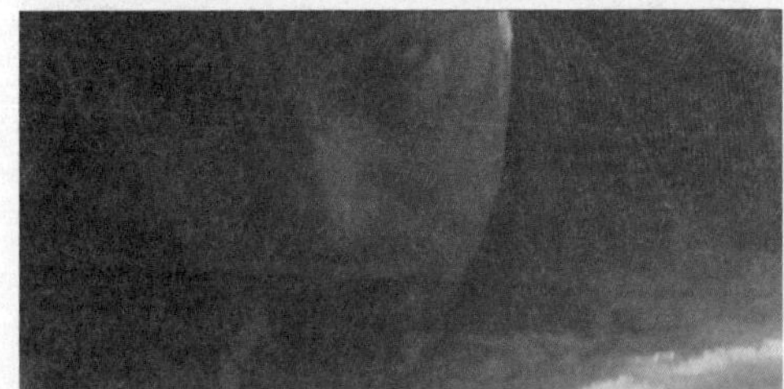
9. 疲惫的道姆·科布

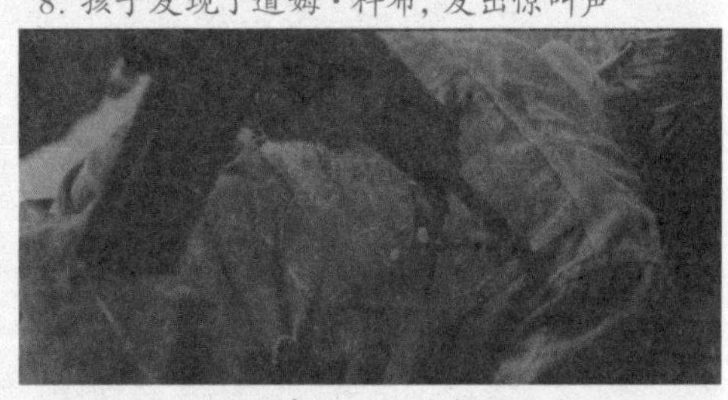
10. 士兵用枪顶着道姆·科布的后背

11. 士兵（中景）

12. 发现了手枪

13. 士兵呼喊战友

14. 岩石上的战友回应

这个段落用14个镜头完成了道姆·科布被发现的过程。这是一个有哨卡的海岸，汹涌的海浪把道姆·科布冲上沙滩（截图1），在激溅的浪花中（截图2），露出了道姆·科布的头部（截图3），孩子们的声音唤醒了昏迷中的道姆·科布（截图4、5、6），女孩发现了道姆·科布，并发出一声惊叫（截图8），赶来的士兵用枪顶着道姆·科布（截图10），他发现了道姆·科布背后的枪（截图12），并呼唤同伴（截图13），同伴回应（截图14），此时，整个场景也全部展现给了观众。

从空间构成上看，开始用的是一个海岸的摇镜头和浪花的固定镜头，汹涌的海水冲击着礁石，发出震耳的声音，这是一个非常有感染力的场景镜头。之后，是道姆·科布的头部特写。从空间构成上看，这是该段落着重表现的“点”。在整个段落中，有关道姆·科布的镜头全部是特写镜头。

截图4是一个虚实转换的镜头，景深在抛起的沙子与孩子的身体之间变换，突出了孩子玩耍的情景，影片之所以荣膺奥斯卡最佳摄影奖可能与这样的镜头有关。截图6和截图14是全景镜头，除了交待剧情外，还为观众展示了故事发生的完整空间。

【小结】

当电影摆脱了舞台指挥式的拍摄后，如何利用分镜头再现场景显得尤为重要。分镜头限制了观众的收视自由，却给了观众更多的观看视角，这就是为什么在偌大的体育场观看体育比赛，反而不如在家里看直播更畅快的原因。在比赛现场，由于受位置的影响，有些细节根本看不到。多机位、立体式的直播反而会给我们更多的比赛信息，当然，在电视机前我们是没法感受现场氛围的。

衡量分镜头设计的优劣，主要是看镜头是否满足观众的收视欲望，观众需要特写的时候给特写，需要全景的时候给全景，需要看什么就把镜头对准什么，虽然这种收视的强制性、限制性曾经遭到诟病，但用分镜头展现场景已经成为不争的事实，舞台指挥式的拍摄以及长镜头都无法满足观众的收视需求。

多机位、多视角、多景别地展现影像空间，既是电影人表达的需要，也是观众收视的需要。在空间处理上，点面关系无疑是最重要的空间关系，是最有张力的视觉空间，它引导观众进入人物的内心世界，或者近距离地观察事物的细节，是最直接、最有说服力的表现手段。“面”是场景的全貌，其主要作用是营造环境气氛，如开阔的比赛现场、声势浩大的观众群等等。在剪辑过程中，正确处理“点”与“面”的关系，对铺陈故事是非常重要的。一味的全景，观众会迷失收视的方向；一味的特写，又难以满足观众对场景的全面认知。至于何时、何地选择“点”或者“面”，抑或先选择“点”或者先选择“面”，主要看表达的需要，没有必要墨守成规，也没必要机械地交替使用。

第二节　递进关系

由远及近、由浅入深、由外而内，这是人类认识世界的基本规律。用分镜头构建场景空间，除了上节讲到的点面关系，还有一条重要的剪辑关系就是递进关系。

所谓“递进关系”，是指人物或景物在空间大小、空间深度上的递进关系，是围绕着人物或景物而进行的空间处理。它不同于点面关系，点面关系是场景空间中整体与局部的关系、整体与个体的关系。递进关系引导我们从不同的视距、不同的视角去观察人物或景物，更深层次地了解其内涵。

一、与人物相关的递进关系

按照人们的观察习惯，了解一个人，一般是从全景开始，把握整体印象，然后逐步观察其局部细节，比如头、足，甚至推近到眼睛和手。有人说，眼睛是心灵的窗口，手是心灵的第二窗口，很有道理。当然，将特写对准谁，还要看剧情的需要。

空间的递进关系包括以下几种情况：

1.相同视点的递进关系

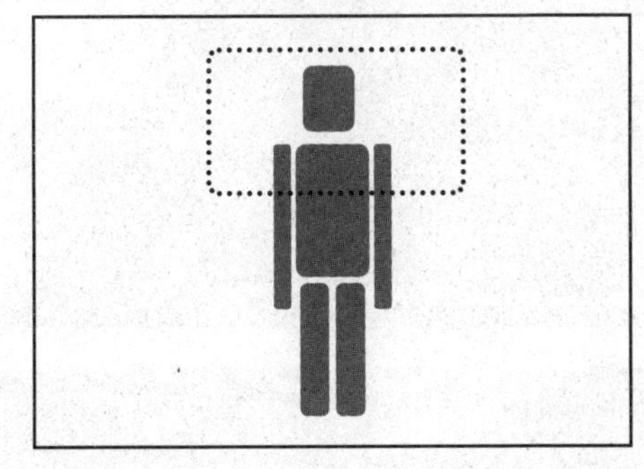

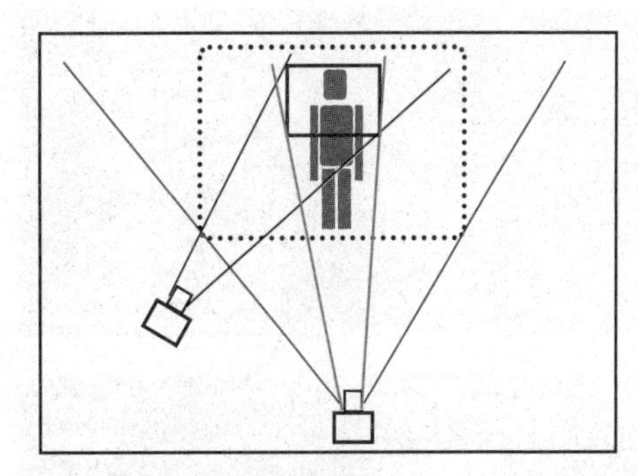

比如：一个人坐在办公桌前讲话的小全景（左侧大图）；这个人的头部特写，视点不变（左侧小内框）。或者，一个人在公园看树上的花朵（右图），先是全景拍摄，然后在同一视点拍摄特写，之后是换一个视角拍摄脸部特写。这两个特写的鲜明区别在于：一个是机械地递进，另一个是变换视角拍摄的特写，后者更能表达“观看”的内容。

从同一个视点，通过改变视角形成的空间递进关系，这是一种最简单、最直观的递进。实际上，这种手法并不常用。因为不考虑思想表达，只是景别的简单变化，没有多大的意义。常用的空间递进关系往往是不同视点的递进关系。

2.不同视点的递进关系

上一个镜头是全景，紧接着是一个近景或特写，而这个近景或特写不是通过推镜头实现的，而是通过改变视点、视角实现的。比如，我们可以从人物的左侧或右侧，选一个合适的角度，用仰角或俯角拍摄人的脸或者人物的其他部位，这样的空间递进，会带给我们全方位的视觉享受。变换视角的剪辑必须考虑轴线问题，尽量不要越轴剪辑，以免造成空间的混乱。

案例1：《盗梦空间》

导演：克里斯托弗·诺兰

上映时间：2010年

获奖情况：第83届（2011年）奥斯卡金像奖最佳摄影、最佳视觉效果、最佳音效剪辑、最佳音响效果奖

《盗梦空间》，被誉为“发生在意识结构内的当代动作科幻片”，该片剪辑为李·史密斯。以下是道姆·科布（莱昂纳多·迪卡普里奥饰）通过岳父迈尔斯寻找盗梦师阿里阿德尼的段落截图：

1. 道姆·科布从窗子向教室望去

2. 教室全景

3. 迈尔斯在工作

4. 两人遥遥相对

5. 迈尔斯与道姆·科布交谈

6. 教室全景

截图1与截图2是视线引导关系，而截图2与截图3是空间递进关系，截图3与截图4是声音引导关系。截图2是一个非常有意义的镜头，建筑学教授迈尔斯一个人在空荡荡的教室中工作，这样的空间处理契合了人物的个性。我们可以做一个假设，去掉截图2，直接剪辑截图3，这样处理行不行呢？从剪辑技术角度讲没有问题，但人物喜欢空旷环境的个性就体现不出来了。因此，截图2与截图3的空间递进关系是非常必要的。

再看看截图4和截图6，导演没有采用“你说我说”“我说你听”的交叉剪辑手法，而是用大开大合的空间结构，给观众以视觉冲击。

案例2：《巴顿将军》

导演：弗兰克林·斯凡那

上映时间：1970年

获奖情况：第43届（1971年）奥斯卡金像奖最佳影片、最佳男主角、最佳导演、最佳创作剧本、最佳艺术指导、最佳音响、最佳剪辑等七项大奖

在电影的开始部分，是巴顿将军长达6分钟的演讲，为了让单调的场景能够吸引眼球，镜头的调度十分精巧。以下是该段落的截图：

1.（大全景）巴顿将军走上讲台

2.（小全景）巴顿将军行军礼

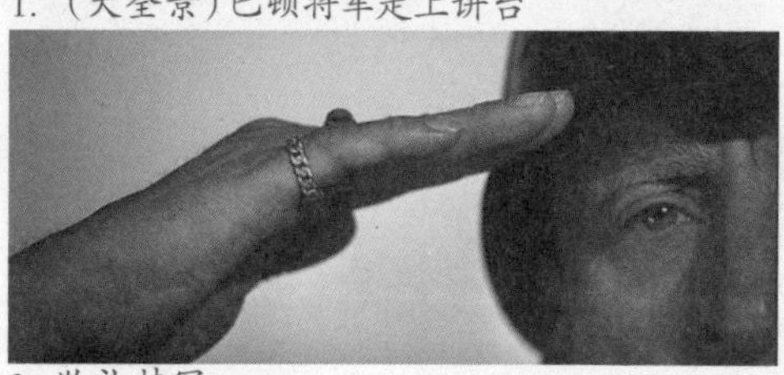
3. 敬礼特写

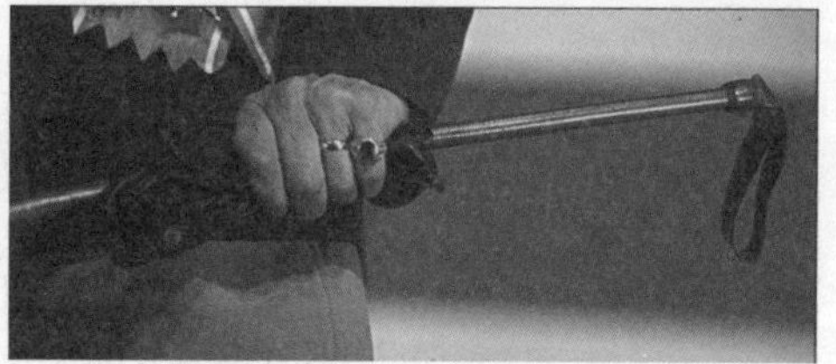
4. 左手握权杖

5. 左胸佩戴的奖章

6. 右胸佩戴的奖章

7. 敬礼近景

8. 绶带特写

9. 手枪特写

10. 头部大特写

充满屏幕的星条旗，独具个性的语言，挂满勋章的、整洁的军服，以及自信、张扬的个性，给观众留下了深刻的印象。在空间构成上，剪辑师休米·福勒紧紧围绕巴顿将军，采用递进、并列关系来展现人物的个性风采。

从镜头1到镜头2，再到镜头3，是空间上的递进关系，从镜头3到镜头10则是巴顿局部特写的并列关系。空间构成上的递进关系，有利于观众由远及近、由整体到局部地观察和理解人物的内心世界。

二、与景物相关的递进关系

在空间构成上，小到一个物件，大到一栋建筑、一座山，或者一片山林、原野，都可以采用递进关系。最经典的一个案例当属法国影片《梦想起飞的季节》。

案例3：《梦想起飞的季节》

导演：克里斯蒂安·卡西雍
上映时间：2001年
《梦想起飞的季节》讲述了一个追逐梦想的故事。巴黎女子桑德琳在30岁的时候，决定放弃城里的高薪工作，去与世隔绝的阿尔卑斯山腹地经营农场，因为长久以来她就梦想着去乡村经营一个农场，而这个梦想终于在30岁的时候变成了现实。在这里，桑德琳克服了诸多困难，把农场经营得有声有色。这个故事告诉我们，只有跨出第一步，才能美梦成真。

影片开头，用了一连串的航拍镜头，来表现主人公摆脱城市喧嚣，奔向山林原野，放飞"梦想"的情绪。伴随着镜头的运动，一幅幅秀美的风景画映入眼帘，观众仿佛插上了翅膀，像鸟儿一样在山谷中飞翔，一会儿穿越山洞，一会儿在小溪上飞掠，一会儿在山谷中穿行，一会儿从树梢上飞跃……

1. 俯拍路面　2. 穿越山洞
3. 跃过峭壁　4. 跃过溪流
5. 跃过溪流　6. 跃过溪流

7. 跃过溪流

8. 跃过草地

9. 飞跃山谷

10. 飞跃山谷

11. 飞跃山谷

12. 飞跃山谷

13. 跃上谷顶

14. 俯视群山

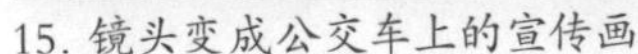
15. 镜头变成公交车上的宣传画

16. 桑德琳沉浸在思索中，忘记了开车

《梦想起飞的季节》序幕部分，自俯拍路面始，到画面定格在公交车上止，一共9个镜头，这9个镜头层层递进，表现了“梦想”穿越山谷，飞跃溪流，深入大自然的进程。其中，有几个镜头几乎是贴近景物拍摄的，比如那条小溪，那片草地和丛林，每一次亲密接触，就像是一次与大自然的热烈拥吻。

清澈的泉水，浓绿的山林，开阔的原野，是人类千古不易的诱惑。回归山林是所有人骨子里的梦想，唐代大诗人王维在《山居秋暝》中写道：“随意春芳歇，王孙自可留。”这“随意春芳歇”的大自然是慰藉人类精神的一剂良药，古往今来，无论达官贵人，还是平民百姓，“自可留”在其中，享受这明月清风的抚慰。

这组镜头按照空间的递进关系串连在一起，再配上摄人魂魄的音乐，生动地表达了人类追逐梦想、任梦想飞翔的精神内涵。从通向山谷的柏油路，到陡峭的山崖，再到潺潺流动的溪水、如茵的草地以及茂密的山林。每一次递进，都意味着与喧嚣的尘世的远离和向大自然的靠近。最终，这组镜头幻化成公交车上的一则广告，而这则广告竟然让桑德琳在车水马龙的街道上忘记了开车。

【小结】

我们在认知事物时候，往往遵循由大到小、由近及远的规律，用递进关系去结构视觉空间，恰恰吻合了这种认知规律，有利于观众把握剧情，更好地理解作品。

第三节　视线引导

按照视线来构建空间关系，是影像编辑中最常见的手法之一，特别是纪实性影片，创作者往往在人物扭头、转睛、注视的时候，切入人物视野内的影像，以引导观众收视，推进故事发展。需要说明的是，我们这里所讲的视觉引导是指镜头组接过程中的空间关系，而不是指镜头创作过程中利用物体的大小、明暗、轻重等对比手法去引导观众收视。

用视线引导关系来构建影像空间的案例比比皆是，首先让我们欣赏一部充满亲情的影片——《金色池塘》。

案例1：《金色池塘》

导演：马克·雷戴尔

上映时间：1981年

获奖情况：第54届（1982年）奥斯卡金像奖最佳改编剧本、最佳女主角、最佳男主角奖

片中，年近七旬的老太太埃塞尔与丈夫诺曼，从喧嚣的城市来到湖边的旧居，开始了一段回归自然的生活，久违的湖光山色让两位老人兴奋不已。

以下是湖上荡桨段落的截图：

1. 埃塞尔与诺曼湖上荡桨

2. 水鸟的叫声引起了埃塞尔的注意

3. 埃塞尔远望水鸟

4. 望远镜中的水鸟

5. 诺曼用望远镜观看水鸟

6. 望远镜中的水鸟

7. 两人非常兴奋

8. 一艘快艇从远处驶来

镜头3与镜头4、镜头5与镜头6，都是按照视线引导关系进行剪辑的。在宁静的湖面上，埃塞尔听到了鸟的叫声并首先发现了水面上的一对鸟儿，然后把望远镜递给老伴诺曼，诺曼在埃塞尔的指引下，从望远镜中看到了这对优游的水鸟。镜头4与镜头6分别是埃塞尔与诺曼视野中的景象，如果没有之前的水鸟镜头2，镜头4中的景象一定会给观众留下更大的期待，这一对寻常水鸟带给两位老人的兴奋，也许只有久居城市的人才能深切地感受到。

视线引导是镜头组接的基本方法，顺着视线望去是观众所期待的。对电影大师阿尔弗雷德·希区柯克来说，仅仅是视线引导还不过瘾，一定要加上一些惊险刺激的调味料，如影片《西北偏北》。

案例2：《西北偏北》

导演：阿尔弗雷德·希区柯克

上映时间：1959年

获奖情况：第32届（1960年）奥斯卡金像奖最佳艺术指导、最佳剪辑、最佳原创剧本等三项提名奖

在《西北偏北》中，除了大师一贯的悬疑风格外，还加入了醉酒驾车、躲避飞机袭击等惊险刺激的元素。在生命攸关的时刻，大量使用视线引导剪辑手法，以主观镜头来营造身临其境的紧张气氛，使整部影片惊险跌出，扣人心弦。

影片开头，普通广告商罗杰被阴差阳错地当成了美国联邦调查局的凯普林，

两名男子把罗杰劫持到一所大房子里，并给他灌了一大瓶酒，希望制造一起凯普林驾车坠海而亡的假象。为了营造如临其境的氛围，希区柯克从罗杰的视角，用主观镜头展现罗杰的危险境况，让观众为罗杰的命运捏了一把汗，好在罗杰逃过了这一劫。

以下是罗杰醉酒驾车的惊险一幕的截图：

1. 罗杰醉驾

2. 差点撞向树丛

3. 求生的欲望让罗杰本能地躲车

4. 从罗杰的视角拍摄危险的境况

镜头1与镜头2，镜头3与镜头4，是视线引导关系，这样的剪辑关系有利于营造惊险刺激的现场气氛。后来，这一手法为很多导演效仿，国产影片《寻枪》就是一例，年轻的陆川用这部电影开启了自己的导演之路。

在《寻枪》中，乡村警察马山在夜晚开着摩托追踪一辆汽车，希望找到枪的踪迹和线索。在马山骑车的客观镜头之后，剪辑了一个主观镜头，在马山的视野里，路上的一切都变得恍惚不定起来，这契合了马山丢枪之后怀疑一切的心境。接下来，导演继续用马山的主观镜头讲故事，伴随着摩托车前照灯打出的微弱光亮，之前发生的一幕幕像过电影一样出现在马山的脑海中。

在《西北偏北》中，有多处使用视线引导关系构建影像空间的案例，罗杰为了躲避飞机袭击而拦截油罐车的一幕同样惊心动魄。

1. 一辆油罐车从远处驶来

2. 罗杰站在路中拦截汽车

3. 油罐车快速驶来

4. 罗杰惊慌失措

5. 油罐车逼近罗杰

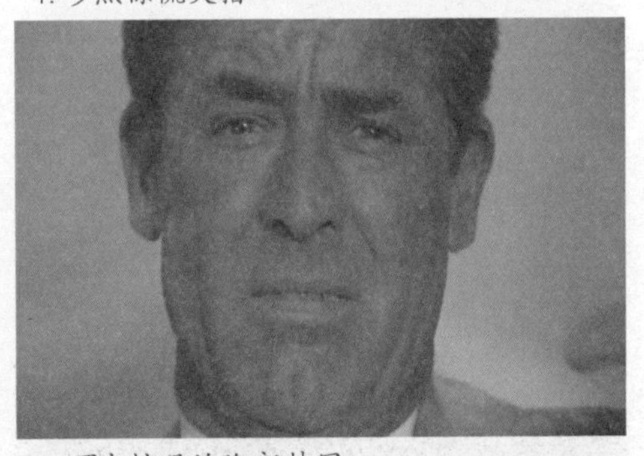

6. 罗杰惊恐的脸部特写

7. 罗杰本能地避让

8. 从车底望向飞机

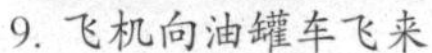

9. 飞机向油罐车飞来

10. 飞机撞上汽车后爆炸

面对欲置自己于死地的飞机，疾驰而来的油罐车成了罗杰的救命稻草，他为了引起司机的注意，站在路中拦车。镜头2与镜头3，镜头4与镜头5，镜头8与镜头9，都是按照视线引导关系进行剪辑的。从罗杰的视角观察现场发生的一切，能够让观众真切地感受到快速逼近的汽车与飞机带来的生存危机。

关于视线引导，还有一个典型案例。

案例3：《把信送到哥本哈根》

导演：保罗·费格

上映时间：2003年

男主角大卫（本·蒂伯饰）是保加利亚某集中营里长大的孩子，受人所托，他要逃出集中营，把信送到哥本哈根。对于一个涉世未深的孩子，外面的一切都存在着不确定因素，凭着半块面包、一块肥皂、一把小刀和一个指南针，他能不能把信送达目的地呢？影片为我们设置了一个大大的悬念。

1. 大卫看到一艘意大利货船

2. 大卫似乎发现了什么

3. 一条连接船舶的缆绳进入大卫视野

4. 大卫决定冒险登船

5. 大卫沿缆绳攀登

6. 大卫终于爬上甲板

大卫逃出集中营后，躲过巡逻队，穿越边境线，来到大海边，按照约翰尼斯叔叔的指引，他须乘坐船到达意大利。他能不能爬上这艘货船呢？

镜头3是一个虚实变换的镜头，一条连接船舶的缆绳进入大卫的视野，他要攀着这条缆绳爬上驶往意大利的货船。镜头2与镜头3构成了视觉引导关系，这样的镜头组接，对揭示人物的内心世界是必要的和有意义的，它不断地撩拨着观众的收看欲望。

【小结】

“视觉引导”是构建视觉空间的重要编辑原则，它引导我们去关注故事的发展进程。在一些惊险、悬疑影片中，“视觉引导”手法往往配合着主观镜头使用，这些主观镜头带给我们强烈的视觉刺激，让我们产生如临其境的视觉感受。

第四节　方向一致

在镜头组接过程中，方向一致是非常重要的原则之一，因为人们认知场景的时候会有许多约定俗成的规律，方位是一个非常重要的因素，保持方向的一致性，才不至于造成视觉错乱。这一剪辑手法经常使用在人物对话、竞技比赛、阵地战等段落。

在人物对话段落，方向一致是极为重要的，能让观众沉浸在剧情之中。

案例1：《返家十万里》

导演：卡洛·波洛德

上映时间：1996年

《返家十万里》是根据真人真事改编而成的。失去妈妈的艾米来到父亲托马斯的农场生活，在一片被开发商推倒的树丛中，艾米意外地发现了一窝大雁蛋，并将这些雁蛋孵化出来。看着渐渐长大的鸟儿，托马斯告诉艾米，必须把失去妈妈的小雁领到南方。

以下两人对话段落的截图：

1. 三人的全景

2. 艾米近景

3. 托马斯近景

4. 艾米近景

5. 托马斯近景

6. 艾米近景

7. 苏珊近景

镜头1介绍了三个人的方位，镜头2是从父亲托马斯背后拍摄的过肩镜头，镜头3是从女儿艾米背后拍摄的过肩镜头，艾米始终位于屏幕的左侧，从左侧向右侧看，而托马斯始终位于屏幕的右侧，从右侧往左侧看，两个人的位置非常清晰。可以设想，如果我们“越轴”从父亲背后的另一侧（镜头4）拍摄艾米，就必然导致视觉错位，让观众感到不自在。无论导演还是摄像师，都不会犯这样的低级错误。当然，也有另类的情况，像日本导演小津安二郎，他就不管这一套。

在位置相对固定的谈话现场，我们应该严格遵循轴线原则，如下图所示：

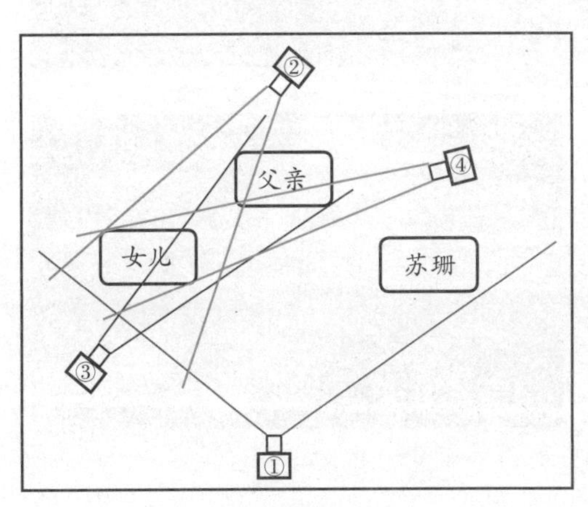

“方向一致”体现了影视空间的秩序，而这种秩序一旦被打破，必然导致视觉的混乱，早在20世纪初，电影的先驱们就有了这种创作上的自觉。

案例2：《一个国家的诞生》

导演：戴维·卢埃林·沃克·格里菲斯

上映时间：1915年

《一个国家的诞生》（*The Birth of a Nation*），又名《同族人》（*The Clansman*），是美国电影史上最有影响力、也最具争议的电影之一。影片长达三小时，被业界公认为世界首部具有真正意义的商业电影。

该片在展现战争场面的时候，镜头组接遵循了方向一致的基本原则。以下是战争场面的截图：

1. 左侧阵地

2. 左侧军队冲锋

3. 阵地全景

4. 右侧阵地

5. 右侧军队冲锋

6. 阵地全景

7. 右侧阵地

8. 左侧军队冲锋

9. 右侧阵地

10. 阵地全景

这个片段展现了战争的宏大和残酷，导演戴维·卢埃林·沃克·格里菲斯为了追求震撼的视觉效果，曾动用两支军队来交替拍摄，战斗双方既有坚守阵地的场面，又互有冲锋，但空间构成非常清晰，唯一一个正面冲锋的镜头（镜头8）不好分辨是攻击的哪一方，但因为前面有镜头铺垫，观众不会产生认知上的混乱。显然，方向的一致性为该片的空间构成提供了一条非常实用的准则。

该片虽有种族歧视之嫌，但凭借其壮阔的战争场面和复杂的叙事技巧，为后来的导演树立了一座丰碑。

【小结】

方向一致是构建视觉空间的重要原则，方向一致才不至于让我们在观看节目的时候产生认知混乱，在对话现场、在场地赛现场（篮球赛、排球赛等），或者表现冷兵器时代的两军对垒，对话、对阵双方保持方向的一致性是非常重要的，它让我们在清晰的空间构成中，感受故事的魅力，不会因为方向的错乱而耗费判断的精力。

第五节　因果呼应

影像作品的空间构成看似复杂，却有规律可循。无论创作还是观赏，镜头的组接关系，不外乎“走到哪里”（点面关系与递进关系）、“看到哪里”（视线引导）、“说到哪里”、“听到哪里”、“想到哪里”（闪回镜头），以及因果呼应等基本逻辑关系。

因果呼应是影像空间构成的基本原则，手起刀落、开枪中弹、点火起爆等等，动作之间存在因果呼应关系，按照这样的逻辑关系编辑镜头，就构成了合理的影像空间。

案例1：《杀死比尔》

导演：昆汀·塔伦蒂诺

上映时间：2003年

获奖情况：第30届（2004年）美国电影电视土星奖最佳动作奖、最佳女主角奖

绰号“黑曼巴”的新娘（乌玛·瑟曼饰）曾经是“致命毒蛇暗杀小组”（DIVAS）的一员，她希望通过结婚脱离血腥的生活。然而就在彩排婚礼的时候，前老板比尔及同僚们不期而至，实施了一场残忍的屠杀，所幸的是，新娘逃过了这一劫。四年后，她从医院醒来，开始了复仇之旅。

在美国加州帕萨迪纳市的一栋别墅里，黑曼巴杀死了她的第一个仇敌——维尼达，整个杀戮过程充满了血腥和刺激。以下是该段落的部分截图：

1. “黑曼巴”望着对手

2. 对手维尼达以饮料作掩护举枪射击

3. 躲过子弹

4. 踢出杯子反击

5. 维尼达躲开杯子

6. 黑曼巴拔出匕首

7. 投掷匕首

8. 击中对手维尼达

9. 转瞬间胜负已定

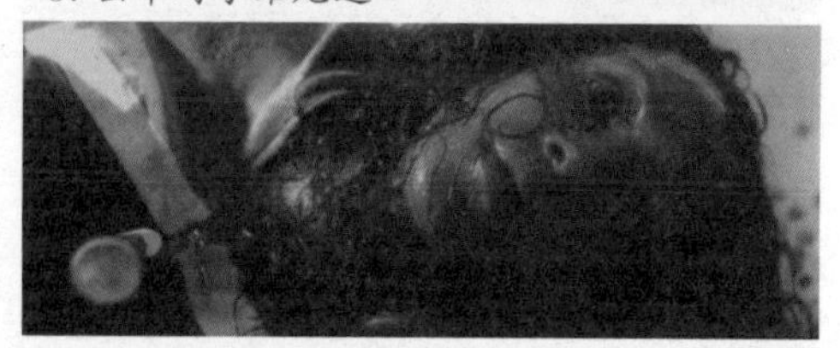

10. 维尼达中刀身亡

从上面的截图看，镜头2与镜头3、镜头4与镜头5、镜头7与镜头8构成动作的因果呼应关系。无论是射击还是出刀，观众会急切地关注动作的结果，这样的镜头组接是最直接的空间构成。在影像作品中，除了这种最直接的空间构成，还有一种呼应是间接的，创作者有意回避那些让人难以接受的画面，用可以理解与接受的方式，去达成动作的因果关系。

案例2：《西线无战事》

导演：刘易斯·迈尔斯通

上映时间：1930年

获奖情况：第三届（1930年）奥斯卡金像奖最佳影片、最佳导演奖

在《西线无战事》中，有一个非常经典的镜头，导演刘易斯·迈尔斯通用保尔一只手的抽动和垂落来表现死亡。保尔的“死”是对方狙击手射击的“果”，但作者没有把镜头对准保尔中枪的部位，而是用虚写的手法表现死亡。

以下是该段落的截图：

1. 保尔发现了一只蝴蝶

2. 保尔为了抓到蝴蝶从掩体中伸出头来

3. 对方狙击手举枪瞄准

4. 保尔伸手去抓蝴蝶

5. 狙击手瞄准

6. 保尔的手向蝴蝶靠近

7. 狙击手特写

8. 伴随着枪声，保尔的手迅速抽回，并垂落下来

伴随着一声清脆的枪声，保尔的手迅速抽回，并渐渐垂落，保尔死了；但这一天的德军战报上却清楚地写着“西线无战事”，保尔的死对战争的蛊惑者来说无异是一个讽刺。

这个片段的编辑有许多可圈可点之处，为了营造紧张气氛，镜头在保尔和狙击手之间来回切换，保尔为了一只美丽的蝴蝶，爬出掩体，他认为战斗已经停息，他不知道自己已经成为狙击手的猎物。他的手向蝴蝶靠近，而死亡也向他一步步逼近，观众不禁为保尔的命运担忧。

影片用一群小人物的遭遇控诉了德国军国主义的罪行，年仅19岁的保尔就是其中的一员。在“英勇奋战”、“保卫祖国”口号的蛊惑下，他自告奋勇地报名参军，殊不知成了军国主义的牺牲品。面对残酷的战争，经历了生与死的磨难，保尔的英雄梦破灭了，他开始厌恶战争，厌恶那些战争的蛊惑者，但最终他也没有逃脱死亡的命运。

《西线无战事》以其思想性和艺术性，无愧第三届奥斯卡最佳影片和最佳导演奖的称号。其中，用手的垂落来表现死亡的艺术手法，被后来的很多导演效仿，1995年上映的《勇敢的心》就是一例。

案例3：《勇敢的心》

导演：梅尔·吉布森

上映时间：1995年

获奖情况：第68届（1996年）奥斯卡金像奖最佳影片、最佳导演、最佳摄影、最佳音效、最佳化妆等五项大奖

威廉·华莱士是苏格兰的民族英雄，由他的故事改编的《勇敢的心》是一部悲壮、感人的史诗巨片。片子的结尾部分，华莱士在断头台上高呼“自由”，慷慨就义。也许，这一刻他最怀念的就是妻子梅伦，他握着妻子的遗物——绣花手帕，走完人生最后的旅程。

以下是该段落的部分截图：

1. 刽子手举起斧头

2. 妻子梅伦

3. 华莱士　4. 妻子梅伦

5. 华莱士　6. 斧头落下

7. 松开的手　8. 手帕飘落

英雄就义是最容易触动灵魂的段落，在这里，影片用慢动作来表现华莱士死亡的瞬间。华莱士躺在断头台上，他的脑海中映现出爱妻梅伦的形象，巨斧落下，华莱士握着手帕的手松开了，手帕从断头台上缓缓飘落，一代英雄就这样撒手人寰。

本来，斧子落下与人头落地是动作的“因”与“果”，但人头落地的血腥不但不会引起观众对英雄的痛惜，反而会亵渎英雄的形象。于是，人头落地变成了手的松开，这与《西线无战事》的手法一脉相承。松开的手，飘落的丝巾，也许是对英雄就义最好的送别。

除了上述按照因果呼应关系组织空间结构，还有一种是通过电话、网络或者想象来组织影像空间。电话的两头交叉出现，向观众展现两个不同但相互关联的空间。

案例4:《杀死比尔》

导演:昆汀·塔伦蒂诺

上映时间:2003年

获奖情况:第30届(2004年)美国电影电视土星奖最佳动作奖、最佳女主角奖

在教堂屠杀中,昏死过去的新娘“黑曼巴”被骑警发现后送往医院治疗,号称“加州山蛇”的艾勒·德莱佛伪装成护士,潜入病房,欲杀害她。

以下是该段落的部分截图:

1. “加州山蛇”正想下手的时候接到比尔的电话

2. 比尔不经意地握着武士刀,问:“情形怎样?”

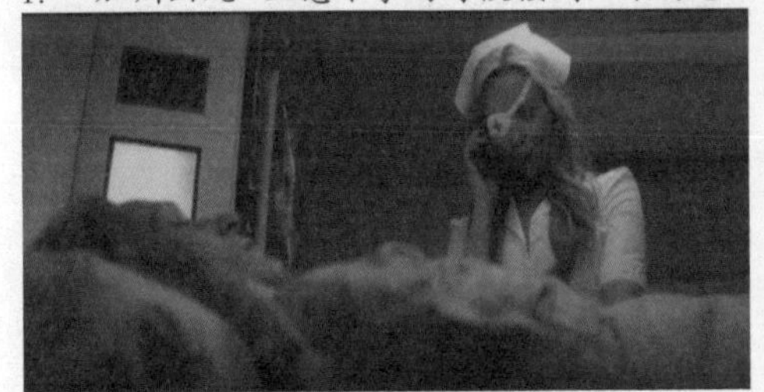

3. “加州山蛇”回答:“昏迷中。”

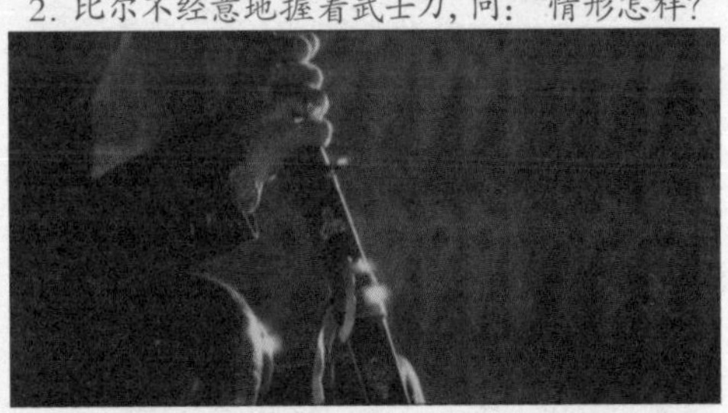

4. 比尔问:“在哪里?”

5. “加州山蛇”答:“在我面前。”

6. 比尔说:“好。”

7. “加州山蛇”回应

8. 比尔说:“你要终止行动。”

比尔是“致命毒蛇暗杀小组”的首领，在整部片子中几乎没有出现，是一个非常神秘的人物。在这个段落中，一个电话连接起了两个空间：一头是病房，“加州山蛇”在接电话，昏迷的新娘作前景；另一头是比尔的房间，他一边打电话，一边把弄着手中的武士刀，这样的手部特写，既增加了比尔的神秘感，也赋予了影片一股杀气。在这里，电话是空间构成的纽带，连接起两个不同的、但相关联的空间。

【小结】

综上所述，一粒子弹，一把飞刀，一个电话，就能把两个空间有机地连接在一起，影像的空间构建也许就这么简单，它永远是为剧情服务的，剧情的因果呼应，是空间结构的“核”，遵循这个“核”搭建的视觉空间是顺畅而有序的。

第六章　影像的声音编辑

对影像作品来说，声音是非常重要的表现手段，我们常说的声画并茂就是这个意思。在电影幼稚时代，受设备的限制，只有画面没有声音。缺了声音的电影，在观照现实的时候，就像人缺了一条腿。如何解决声音的不足呢？先驱们进行了多种尝试，采用乐队伴奏、同步播放声音等等。任何事情都有两面性，缺少了声音辅助，反而成就了哑剧般的默片（无声电影）。卓别林主演的电影，别有一番味道，以至于当有声影片大行其道的时候，这位电影大师依然沉浸在无声的世界里。然而，声音的魅力如洪水般不可阻挡，并且在有声电影初期一度出现声音泛滥的现象。一些导演热衷于对白的使用，这种对声音的片面理解和滥用，固然降低了电影制作成本，但严重影响了影片的艺术表达,也为无声电影拥趸们提供了批判的理由。

一、声音的意义

实践证明，声音作为画面的有效补充，在影片中发挥着越来越重要的作用，并且，伴随着录音技术的提升和摄影设备的改良，声音在营造氛围、表情达意中越来越受重视。优秀的影视作品，不仅画面好，而且声音也好。大多数奥斯卡金奖影片往往同时获得最佳音效奖或者最佳原创音乐奖。

同画面相比，声音在营造氛围上更具优势。声音在三维空间内作用于人的听觉，而画面只能在二维空间内作用于视觉。声音给人的感受更直接、更感性。比如，在电影创作中，演员可以利用声音的抑扬顿挫、轻重疾徐乃至方言俚语来表现内心的感受。对优秀的演员来说，脚本只是一个框架而已，他可以根据脚本的内容来改词、断句，利用声音的高低、轻重、疾徐来表情达意。以“咬字行腔”的京剧道白为例，一句“八年了，别提他了”的台词，不同的人、不同的说法，传递出来的情感就不一样，带给观众的感受就不一样。

透过声音，我们可以判断人物的身份、地位、阅历、素养、性格、情感等，感受人物的内心世界和外在形象。我们不妨通过《巴顿将军》中的一段演讲来感受一下声音的魅力。

案例：《巴顿将军》

导演：弗兰克林·斯凡那

上映时间：1970年

获奖情况：第43届（1971年）奥斯卡金像奖最佳影片、最佳导演、最佳电影剪辑、最佳男主角、最佳原创剧本、最佳艺术指导、最佳音响等七项大奖

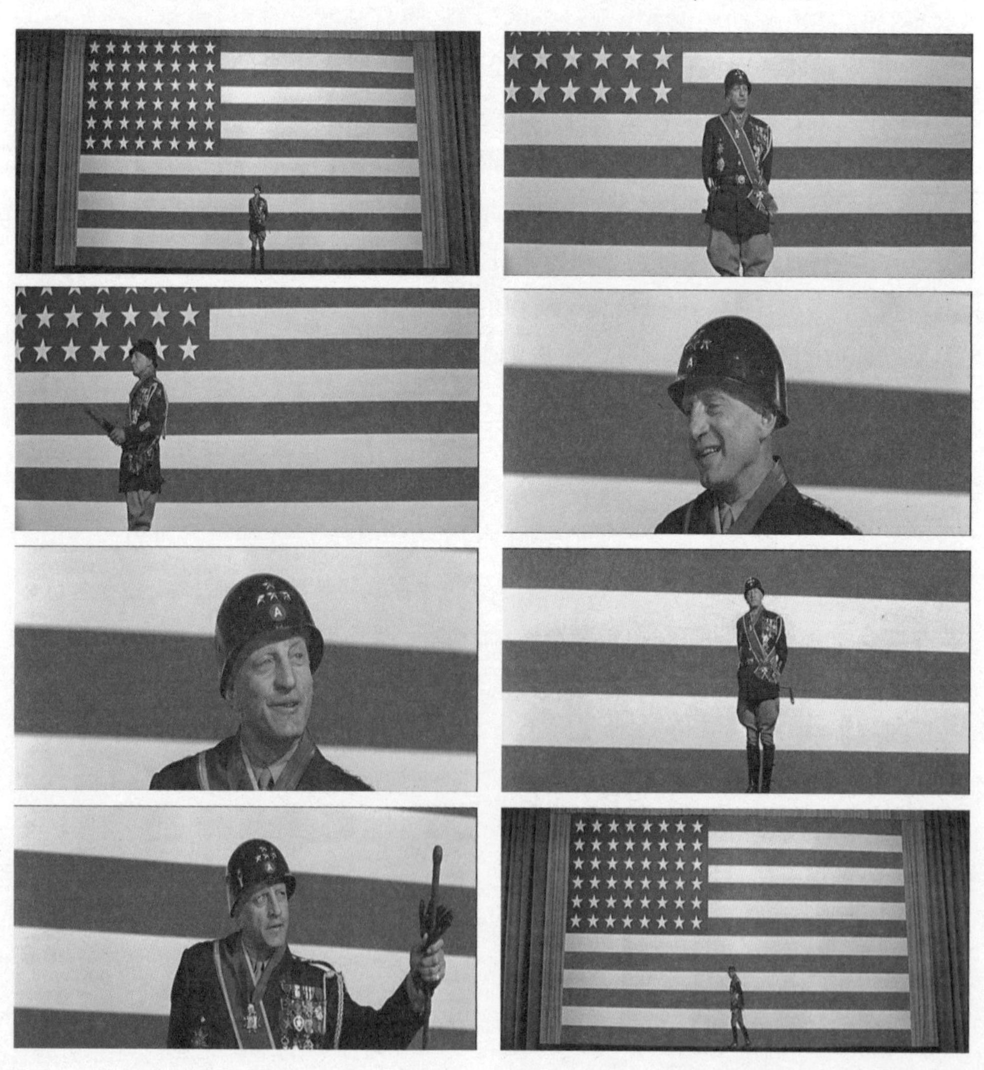

Now, I want you to remember that no bastard ever won a war by dying for his country. He won it by making the other poor dumb bastard die for his country.

Men, all this stuff you've heard about America not wanting to fight, wanting to stay out of the war, is a lot of horse dung. Americans, traditionally, love to fight. All real Americans love the sting of battle.

When you were kids, you all admired the champion marble shooter, the fastest runner, the big league ball players, the toughest boxers. Americans love a winner and will not tolerate a loser. Americans play to win all the time. I wouldn't give a hoot in hell for a man who lost and laughed. That's why Americans have never lost and will never lose a war. Because the very thought of losing is hateful to Americans.

Now, an army is a team. It lives, eats, sleeps, fights as a team. This individuality stuff is a bunch of crap. The bilious bastards who wrote that stuff about individuality for the Saturday Evening Post don't know anything more about real battle than they do about fornicating.

Now, we have the finest food and equipment, the best spirit, and the best men in the world. You know, by God, I actually pity those poor bastards we're going up against. By God, I do. We're not just going to shoot the bastards. We're going to cut out their living guts and use them to grease the treads of our tanks. We're going to murder those lousy Hun bastards by the bushel.

Now, some of you boys, I know, are wondering whether or not you'll chicken–out under fire. Don't worry about it. I can assure you that you will all do your duty. The Nazis are the enemy. Wade into them. Spill their blood. Shoot them in the belly. When you put your hand into a bunch of goo that a moment before was your best friend's face, you'll know what to do.

Now there's another thing I want you to remember. I don't want to get any messages saying that we are holding our position. We're not holding anything. Let the Hun do that. We are advancing constantly and we're not interested in holding onto anything – except the enemy. We're going to hold onto him by the nose, and we're gonna kick him in the ass. We're gonna kick the hell out of him all the time, and we're gonna go through him like crap through a goose!

Now, there's one thing that you men will be able to say when you get back home – and you may thank God for it. Thirty years from now when you're sitting around your fireside with your grandson on your knee, and he asks you, "What did you do in the great World War Two?" – you won't have to say, "Well, I shoveled shit in Louisiana."

Alright now you sons-of-bitches, you know how I feel, I will be proud to lead you wonderful guys into battle anytime, anywhere.

That's all.

译文: 我要各位记住，我们不是为了马革裹尸，不是为了为国捐躯而战。我们赢得战争，要的是敌方的可怜虫为国捐躯，马革裹尸。各位听说一大堆美国不想打仗、爱好和平的话，全都是扯蛋！美国人的传统就是爱打仗，所有的真正美国人都爱战斗。你们小时候所有人都佩服弹珠高手、跑得最快的人、大联盟棒球员、最强悍的拳击手。美国人喜欢赢家，而容不下输家，美国人永远企图获胜！我完全看不起那些输了还有脸欢笑的失败者，那也正是为什么美国人从未也不会打败仗，因为失败的念头对美国人是可耻的。军队就是一个团体，它以团队方式生活、进食、睡眠与战斗。个人自由与平等是一派胡言，著述个人主义的可厌混蛋根本不懂实际战斗。我们有世上最好的食物与装备、士气与人员。我知道各位有一些人纳闷，自己在敌火之下会不会丧胆？别担忧！我保证各位全都会尽到职责。纳粹是敌人，冲进去，使他们溅血，开枪打他们。当你摸到你朋友血肉模糊的脸孔，你就知道该做什么。我也要各位记住，我不想收到消息说：我们在坚守阵地。我们什么也不守，让德国人去守。我们要排除一切，不断前进。我们只对紧紧抓住敌人感兴趣，我们要紧紧地抓住他，以便修理他。我们会狠狠地修理他，打得他屁滚尿流。各位返乡之后，可以宣称一件事，而且你可能因此感谢上帝，30年之后，当你与朋友在一起，你的孙子坐在你膝上，他问你在第二次世界大战做些什么，你不至于说，我在路易斯安那洗厕所。各位大头兵都明白我的感受，我不论何时何地都以率领各位参加战斗为荣。

这段长达6分钟的演讲，在画面上没有多少变化，全景、中景、近景、特写，中规中矩。最具感染力的是演讲的内容、声音和气度。据说，演讲词多取自巴顿将军那篇著名的《美国军人最伟大》，是巴顿将军内心世界的真实写照。这样的内容结合巴顿的音容笑貌——低沉沙哑的声音，高潮时慷慨激昂，再配上他的表情、手势以及走动的身姿，将一代名将的形象活脱脱地展现给了观众。

众所周知，我们在评价人的时候经常用“言行举止”“音容笑貌”这些词，一个人的声音往往包含着很多信息，包括人的性格、阅历、学识、素养等等。在电影《教父》中，人物的声音各具特色：马龙·白兰度饰演的“教父”，声音沙哑低沉，给人一种阴森霸气的印象；而艾尔·帕西诺饰演的迈克，声音虽然文气但充满了自信，有一股咄咄逼人的气势。在《落水狗》中，剧中角色的对白充斥着脏话，与他们的黑帮行为极为吻合，假如我们把对白改得优雅文静，反而会违背电影美学规律。

二、声音编辑的主要内容

在影视作品中，声音编辑主要包括同期声、画外音、音乐、混音四个部分。

首先是同期声编辑。声音的剪辑是从处理同期声开始的，不同于早期的有声电影，现在的录像带既有记录视频的轨道，又有记录声音的轨道。声音和画面是同步录制的。而早期的有声电影创作，录音和画面是分开的。先把声音刻在“蜡盘”上，放映时，与画面同步播放，为画面配音，1927年诞生的世界第一部有声电影《爵士歌王》就是这样。

电影胶片和电视录像带是怎样记录声音的呢？我们看一组图片：

16毫米胶片上的单声音轨道

35毫米胶片上的双声音轨道

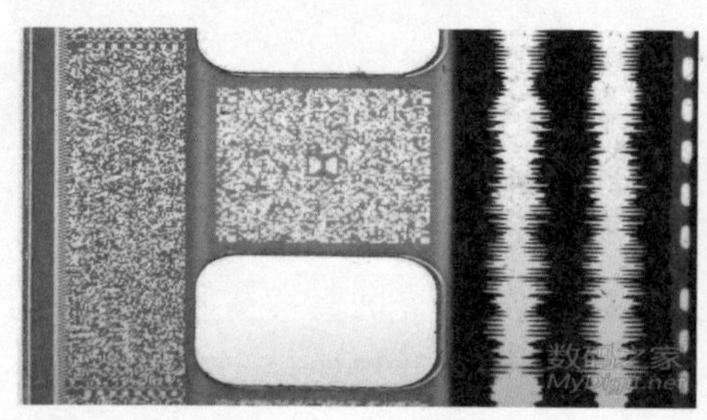

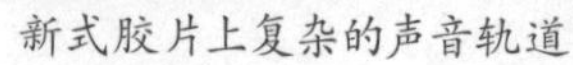
新式胶片上复杂的声音轨道

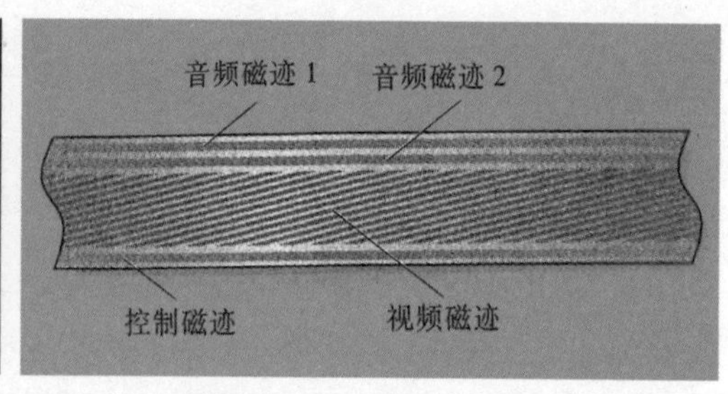

录像带上的声音轨分布情况

首先，了解胶片和录像带上的声音轨道分布情况。从单声道到双声道，再到环绕立体声系统，声音剪辑技术随着声音录制技术的不断革新而日臻完善。就一般的电视节目而言，同期声的录制相对比较简单，大家习惯把2声道设置为采访声道，或者称“人声”轨道，用外接话筒拾音；把1声道设置为环境音声道，或者称“现场声”声道，用机上话筒拾音。在手动调整的时候，一般把环境音声道设置得低一些，而“人声”声道设置得高一些。

其次是画外音编辑、音乐编辑和音效合成，本章将逐一讲解。

第一节　同期声

同期声是拍摄现场与画面同步录制的声音，包括现场声（环境声）和人物采访的声音，与后期的配音相比，同期声更自然，更真实，更有利于营造现场氛围，增强节目的真实性、信息量和感染力。在电影、电视剧、纪录片、专题片以及新闻节目中，同期声被广泛使用。

同期声的设计、录制与编辑是影像创作的重要环节，国内外精品节目在声音处理上都有优秀的表现。以奥斯卡获奖影片为例，大多数金像奖电影往往同时获得最佳音效奖或最佳配乐奖。如《泰坦尼克号》《拆弹部队》《贫民窟的百万富翁》等。

不同于配乐和音效合成，同期声编辑受前期录音的制约非常明显。因此，录制前要制订声音设计方案，录制过程中要选择合适的话筒并正确使用，同时，还要合理、熟练地操控摄录设备的声音控制按钮等等。

一、现场声

现场声又称“环境音”，是同期声的重要组成部分，对营造氛围发挥着十分重要的作用，如呼啸的风声、疾风骤雨声、原野的狼嚎声、惊涛拍岸声、大火噼里啪啦的燃烧声、钟表的滴答声等等。

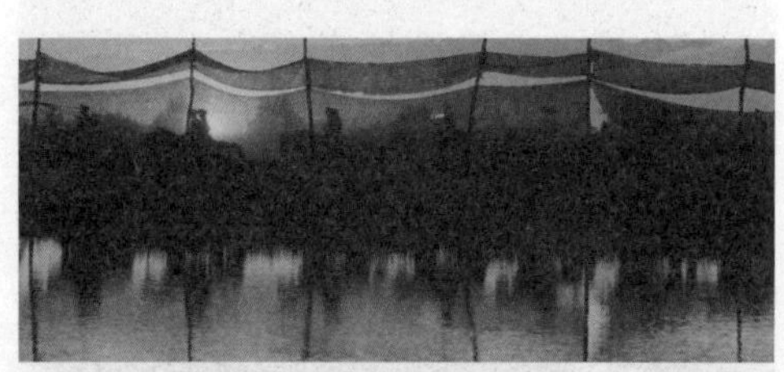

案例1：《战马》

导演：史蒂文·斯皮尔伯格

上映时间：2011年

获奖情况：第84届（2012年）奥斯卡金像奖最佳影片、最佳音效剪辑等六项提名奖

《战马》是史蒂文·斯皮尔伯格

导演继《拯救大兵瑞恩》和《兄弟连》后，执导的又一部战争题材力作。在影片53分35秒处，被征用为战马的乔伊，第一次踏上征程。

在朝阳的光晕里，在小鸟的鸣唱中，一队战马的蹄音打破了乡村的宁静。先是掺杂着鸟语和马蹄声的乡村音籁，紧接着是马队行进的声音，然后是脚步声，声音由远而近，越来越大。这样的音效处理，给即将展开的惨烈战斗铺垫了厚重的、宁静祥和的声音氛围。战争爆发了，宁静的乡村不再安宁。看似寻常的音效编辑，却最容易打动观众的心灵。

案例2：《猎杀U-571》

导演：乔纳森·莫斯托

上映时间：2000年

获奖情况：第73届（2001年）奥斯卡金像奖最佳音响编辑奖

在这部影片中，声音经常是表现剧情的主角，发挥着比画面更为重要的作用。当潜艇遭到敌人的攻击时，被迫下潜。

以下是这个段落的部分截图：

声纳的声音，船员紧张的呼吸声，深水炸弹的声音，潜艇震动的声音，海水挤压潜艇的声音，电线短路的声音，水管破裂喷出的水声，船员抢修的声音……

这些声音有些是现场录制的同期声，有些是后期加入的效果声。有些声音来自画面内部，有些声音来自画面的外部。来自外部的声音有时候更加恐怖，画面中船员的表情就是最好的注脚。这些声音使观众仿佛置身于危机四伏的狭小的潜艇里，被一股令人窒息的空气笼罩着。很显然，声音在这个段落里发挥了很重要的作用。

案例3：《亚马逊深渊》

导演：史蒂夫·格林伍德

上映时间：2005年

《亚马逊深渊》是英国BBC在亚马逊河流域拍摄的纪录片，在深达300英尺的深渊里，居住着地球上最怪异的动物：奇特的带电鱼、诡异的鲶鱼和魟鱼，还有原始的粉红色江豚。探险队要进入这片从未有人涉足的地方，探寻新的生命。

同BBC的大多数纪录片一样，音乐是片子的全程铺垫，解说与人物访谈是片子的主干，而适时运用的现场声则赋予片子以地域文化色彩。在《亚马逊深渊》中，虽然环境声的运用不多，但恰到好处。

DONA LILI
narrated by
JOHN MICHIE

《亚马逊深渊》第一集开头部分，摄制组进入丛林深处的玛瑙斯，他们将从这里乘船开始探险之旅。在码头上，有头顶香蕉的小商贩，有休闲打牌的人，还有其他各色人等。在这个段落中，创作者使用了具有浓郁地域特色的现场声，给解说做铺垫，为观众呈现了一个位于亚马逊流域的、立体的小城镇景象。

码头的汽笛声、嘈杂的人声、汽车引擎声，这里的现场声与其他地方的声音是不同的，尤其是其中的人声，地域色彩非常浓。在人们好奇的目光中，在独特的声音氛围中，探险队乘坐汽车穿过狭窄的街道。

无论是电影、电视剧，还是电视节目，现场声是非常重要的组成部分，尤其是纪实性节目，现场声是必不可少的，缺少了具有浓郁地方特色的现场声，就仿佛缺少了重要的背景，画面缺少厚度，片子就显得单薄。

二、人声

“人声”是指同期声中与人有关的声音。以电视节目为例，“人声”包括主持人现场解说的声音、记者采访的声音、被采访对象的声音等等。在影视剧中，人声的范围更广，包括紧张的呼吸声、痛苦的呻吟声、窃窃私语声、睡觉打鼾声等。这些声音有时候很有穿透力，对营造氛围发挥着非常重要的作用。比如，《泰坦尼克号》中，杰克在冰海上与罗丝对话时的呼吸声，把海水的寒冷和求生的欲望表现得淋漓尽致。再比如《猎杀U-571》中，当潜艇遇到水雷轰炸时，船员紧张的呼吸声，在狭窄的潜艇内显得格外清晰。

在这一节中，我们主要介绍人物采访同期声的编辑。

人物采访同期声的编辑是影视编辑的重要内容。首先，人物采访同期声的魅力不仅限于信息的传播。因为声音里边包含着很多非语义的信息，音质、音色、音高，语速、语态，以及手势、眼神、表情等元素，都可以被观众直观地、形象地感受到。

其次，采访同期声的运用能够有效地避免编辑、记者在转述过程中可能出现的主观倾向，有利于增加传播的真实性和现场感。

编辑人声时，应做到内容凝练、声音清晰、节奏恰当、保持一致。

1.简洁凝练

影视作品最忌拖沓，尤其是人声编辑，意思表达清楚即可，千万不能啰嗦，除非啰嗦是剧情的需要，是有意为之。把那些感人的、观点式的同期声留下，其他的用解说词或道白的形式概而述之，这样能有效地节约观众的时间。

案例4：《公司的力量》

导演：任学安

上映时间：2010年

《公司的力量》是中央电视台继《大国崛起》后拍摄的又一部大型纪录片。按照主创人员的说法，“要把《公司的力量》做成有观点的纪录片，而不仅仅是回顾历史”。为了做成“有观点的纪录片”，片中大量使用了专家、学者、企业家的访谈，剪辑好访谈同期声关乎节目的成败。

右侧是《公司的力量》的截图：

《公司的力量》第一集《公司! 公司!》使用的第一组同期声，由五位专家的采访组成。

> (1) 伯纳德·拉马南楚阿(巴黎高等商学院院长)：公司是创造财富的主要参与者之一。
>
> (2) 约翰·奎奇(哈佛大学商学院高级副院长)：在提高生活质量方面，公司也是十分重要的促进者。
>
> (3) 大前研一(日本创业者商学院院长)：通过被雇用，我们获得生活所需的费用，成就自己的人生，养活自己的家人，这些钱是从公司那里获得的。
>
> (4) 赫尔曼·西蒙(德国管理学家)：历史上几乎所有的重大革新都是在公司，而不是在国家层面产生的。
>
> (5) 罗伯特·蒙代尔(诺贝尔经济学奖得主)：公司是一个过程，所有的国家都要用到它。

五位专家分别从不同的侧面对公司的作用进行了描述，简洁明了，他们的话印证了该段落的主旨："通常情况下，我们对身边的公司浑然不觉，因为一切都已经像呼吸那样自然，但是，一旦没有了空气，我们就会知道，真空中是无法生存的。"

围绕主题选择话语是同期声剪辑的第一要务，也是衡量同期声剪辑水平的第一项标准。为了挖掘到真知灼见，摄制组在采访的时候往往会录制很长的素材，后期剪辑时，就需要仔细地甄选，如果甄选不到位，声音处理得再好也没有意义。对人文纪录片来说，表情达意是第一位的。这个段落甄选的几句话，除了最后一句稍显晦涩外，其他的都好理解。

我国纪录片泰斗陈汉元在评价该片时说："对同期声的应用，没有一句是废话。甚至有些话，我觉得很经典。"同期声剪辑的过程实际上是梳理思想的过程，也是去粗取精的过程。

在实际操作过程中，还要注意以下问题：

(1) 与解说词内容要一致。同期声是解说词的有效补充或印证，不能与解说词的内容背道而驰。

(2) 与解说词的衔接要顺畅。

(3) 不能与解说词的内容重复。

(4) 少使用专业术语多的同期声，以免影响传播效果。

（5）同期声要配上规范的字幕，简洁规范的字幕能够辅助声音准确地传递信息，特别是一些科普节目，字幕的作用就更明显。

2.声音清晰

声音清晰是相对于现场声来说的，人声与现场声存在主次关系。也就是说，现场声是衬托，是背景，人声才是表现的主体。现场声压过人声，就会影响观众的收视效果。当然，现场声有时是主角，像前面讲到的《猎杀U-571》。

案例5：《2012》

导演：罗兰·艾默里奇

上映时间：2009年

《2012》是一部关于全球毁灭的灾难电影，讲述了2012年世界末日到来时，主人公以及世界各国人民挣扎求生的经历。在片中有这样一个段落，当杰克逊驾驶飞机逃离被死神阴霾笼罩的城市后，他找到了正在山顶上呼喊的查理，向他询问飞往方舟制造基地的地图。此时，伴随着东西坠落的声音，一群鸟儿惊叫着从山谷里飞起。

鸟的叫声与两个人说话的声音构成了该段落声音编辑的主次关系。鸟的叫声是次要的，是衬托，起到渲染气氛的作用。而人声是主要的，是推进剧情的主要因素。在编辑的时候，要调低“现场声”（鸟的声音）声道的声音，让“人声”声道保持清晰。鸟的叫声不能压过人声，否则会影响观赏效果。

3.节奏恰当

声音是表达思想情感的重要手段，对营造气氛、渲染情绪发挥着独特的作用。节奏或快或慢，或紧张或舒缓，能够传递出不同的情绪，在观众心中产生不同的心理感受。

案例6：《马语者》

导演：罗伯特·雷德福

上映时间：1998年

获奖情况：第71届（1999年）奥斯卡金像奖最佳原创歌曲提名奖

在《马语者》中，女儿格蕾丝骑马时，因车祸失去了右腿，为了给女儿疗伤，安妮与丈夫罗伯特有一段对话，这段对话时长6分30秒，用了58个分切镜头。刚开始的时候，两个人平心静气地交流。后来，因为意见分歧吵了起来，语速逐渐加快，并且声音有交叉。最后，语气又重归平静。

应该说，演员的演技很好，表情、语气、语态都很到位。声音剪辑水平也很高，特别是两个人吵起来以后，声音剪辑的节奏明显加快，两个人的话语中间不仅没有间隙，还做了交叉重叠处理；同时，采用移动摄影，动势明显，使得气氛

更加紧张。争吵之后，语气又缓和下来，声音剪辑的节奏明显减缓，对话之间，多了些沉默的时间。

这个段落，基本上是按照声音的节奏来剪辑的，由平静到激烈，最后回归平静，剪辑节奏的变化，让这段对白显得跌宕起伏。

判断同期声剪辑的节奏是否适当的最高标准是看思想情感的表达。如果没有情绪上的考量，仅仅是表达思想观念，像上面讲到的《公司的力量》，话语之间，人与人之间，一定要留有空隙，让观众有回味的余地。《公司的力量》第一集中的第一组同期声就存在节奏不合理的问题。五个专家的话语之间，剪得有点紧，缺少必要的停顿，不利于观众理解接受。一会儿英语，一会儿日语，一会儿德语，对中国观众来说，存在语言上的障碍，仅靠字幕很难在这么短的时间内理解专家的观点。另外，专家与专家之间的过渡不该使用转场特技，看似花哨的特技成了不折不扣的干扰因素，让本来就很短的间隙显得更加紧张。

4.保持一致

还是以《公司的力量》为例，第一集第一组同期声，虽然在剪辑上存在节奏太紧的毛病，但声音的录制与后期调整非常好，声音比较均衡，一致性做得好。同期声剪辑最忌讳出现忽高忽低的现象。一会儿沉闷，一会儿像打雷，肯定会影响观赏效果。

5.适当插入画面

遇到时间较长的同期声，可在中间适当插入相关画面，以增加信息量。如插入倾听者的画面，又称“反打镜头”，或者插入与采访内容相关的镜头。不一定是你说我说，也可以是你说我听，或者是我说你听。但插入镜头一定要谨慎，不能滥用，用多了会影响同期声的完整性。

【小结】

同期声是声音剪辑的重要内容，不注意同期声的使用，也是中国纪录片经常被外国专家诟病的问题。忽视了同期声，忽视了最能传达心声的东西，作品就缺少感人的元素。有时候，一大堆解说不如一句鲜活的同期声更具感人的力量。

同期声的使用也不能过多、过滥，一般情况下，现场声只是一种铺垫，是背景，不能喧宾夺主。人声，特别是人物采访的同期声，一定要精练，用得恰到好处。用多了，就成了多嘴婆，让人生厌。

第二节　画外音

在影像作品中，凡是声源不在画面之内的声音，或者说，不是由画面中人或物直接发出的声音，都属于画外音。

影像作品中的画外音主要指道白和解说，两者都属于上节讲到的“人声”范畴，之所以分开讲解，是因为解说与道白与前期拍摄无关，是后期剪辑时加入的。在创作实践中，绝大多数电影和部分纪实性影片是无需解说和道白的，只有少部分电影采用了道白的手法。不同于电影和电视剧创作，电视节目特别是电视新闻类节目、专题片、纪录片则离不开解说，解说在这类片子中发挥着举足轻重的作用。

一、道白

道白是画外音在影视剧创作中的通常叫法，它是在口语的基础上加工提炼出来的，不受乐曲的限制，可快可慢，自由地表现场景或抒发情感。

道白又分为对白、旁白和独白三种。对白又称“对话”，在对白段落剪辑中已有详细介绍。旁白是指以剧中人或局外人的身份对影像内容进行的说明或解读。独白是指剧中人物对内心活动的自我表述。对白、旁白与独白是影视剧创作中三种主要道白形式，具有交待、铺垫、串联的作用。

1.叙事功能

道白的主要功能是交代故事发生的时间、地点、人物、背景等，传递单靠画面不能传递的信息。

案例1：《我的父亲母亲》

导演：张艺谋

上映时间：1999年

获奖情况：1999年百花奖最佳故事片奖、2000年柏林电影节银熊奖

《我的父亲母亲》讲的是中国式的爱情故事，导演张艺谋用儿子的道白将整个故事串联起来，从“现在”到“过去”，再到“现在”，以儿子的视角去体味一段平凡但不平淡的爱情故事。

以下是电影序幕中的截图：

随着电影画面的展开，儿子的道白开始了：

> 父亲突然去世了，我是昨天晚上知道的，村长给我打了一个长途电话，当时，我真不敢相信，我的家在山区一个不大的村子，叫三合屯。我很早就离开家乡出来工作了，因为忙，几年都回不了一次家，父亲是村里的小学老师，在当地教了一辈子书。我是父母唯一的孩子，也是村里唯一念过大学的，我现在最担心的就是母亲，怕她一下子受不了。

这一段旁白对我们了解剧情是必要的、及时的，传递给我们很多画面不能传递的信息。并且，用第一人称来描述，让观众听起来更亲切、更真实。

2.串联功能

一些电影、电视剧采用道白来串联故事，这是叙事结构的一种，虽然不常用，但用好了也挺有味道，像《日落大道》《美国丽人》《罗生门》等。我们还是以《我的父亲母亲》为例，说说道白的串联功能。

整部电影用了十几段旁白，将母亲与父亲的点点滴滴连缀成一个完整的故事。以下是《我的父亲母亲》中的第三段旁白：

> 这张照片还是父亲和母亲结婚那年照的。父亲原本不是我们三合屯的人，他是后来才来的。当年父亲母亲谈恋爱的事，曾经轰动一时，村里人说来说去的，听起来都像个故事。那年母亲刚满18岁，父亲也只有20岁。听母亲说是一挂马车把父亲拉到了三合屯。

电影的时空在“现在”与“过去”之间不断转换。导演用黑白色调来表现“现在”，用浓艳的色彩来表现“过去”。无论是“现在”，还是“过去”，抑或“现在”与“过去”的转换中，道白都起到了很好的串联作用，三言二语，就把剧情介绍得清晰明了。

这个段落用了七个镜头，从书桌上的父母合影，到父亲乘坐马车来到三合屯。影片用一个叠化特技和一句道白——“听母亲说是一挂马车把父亲拉到了三合屯”实现了“现在”与“过去”的转换。当年，父亲就是沿着合影中的这条小路来到三合屯的，也正是这条路，开启了父亲与母亲的爱情之旅。

3.直抒胸臆

直抒胸臆的道白又称“独白”，剧中人物的演讲、祈祷、辩论以及自言自语都属于这种类型。

案例2：《城南旧事》

导演：吴贻弓

上映时间：1982年

获奖情况：第三届（1983年）中国电影金鸡奖最佳导演、最佳女配角和最佳音乐奖

电影一开始，有一段深情的独白：

> 不思量，自难忘，半个世纪过去了，我是多么想念住在北京城南的那些景色和人物啊！而今或许已物异人非了，可是，随着岁月的荡涤，在我，一个远方游子的心头，却日渐清晰起来。我所经历的大事也不算少了，可都被时间磨蚀了。然而这些童年的琐事，无论是酸的、甜的、苦的、辣的，却永久、永久地刻印在我的心头。每个人的童年不都是这样的愉悦而神圣吗？

电影《城南旧事》改编自台湾著名女作家林海音的同名小说，由吴贻弓导演执导，曾获第3届中国电影“金鸡奖”最佳导演、最佳女配角、最佳音乐奖，第2届马尼拉国际电影节最佳故事片奖等多种奖项。电影通过英子的眼睛来观察社会，感悟人世间的喜怒哀乐、悲欢离合。英子与疯女秀贞、英子与小偷、英子与乳母宋妈三段并无因果关系的故事，就像一幅幅20世纪20年代老北京的风情画长卷，夹杂着淡淡的哀愁和沉沉的相思，像一首动情的乐曲，撩拨着每一个观众的心。电影开场时的这段独白，以老妇人的口吻追忆过去，再配上荒草、山野、长城、驼队、石碑、长桥这些具有北京地域特征的景物，一下子就把我们拉回到了那个遥远的时代。

4.评论功能

同画面相比，道白在表达思想情感的时候更自由，这也给创作者以更多发挥的空间。

案例3：《日落大道》

导演：比利·威尔德

上映时间：1950年

获奖情况：第23届（1951年）奥斯卡金像奖最佳剧本、最佳作曲、最佳布景奖

在《日落大道》的结尾，有这样一段旁白：

> 终究，摄影机再度转动起来。命运之神竟以如此奇异的仁慈来对待诺玛·戴斯蒙。她曾一度如此渴望的梦想现在已将她团团围住。

电影以这样的方式让昔日的电影明星诺玛再次进入摄影机的视野，无疑是残酷的，而旁白者威廉·赫顿的道白也充满了讽刺的意味。作为一个落魄的编剧，威廉·赫顿在走进诺玛生活的同时，也试图寻找属于自己的真爱和事业，他试图逃离诺玛，但又舍不得离开这种不劳而获的安逸生活。人性在矛盾、挣扎、反叛中，激荡起耐人寻味的涟漪。

从截图中可以看出，道白与画面的配合非常合理，道白与同期声、音乐的配合也恰到好处。

二、解说

解说是画外音的另一种叫法。在影视剧、曲艺节目中，我们把画外音称为“道白”，而电视节目中的画外音通常叫“解说”。解说的作用跟道白差不多，都有交代环境、表达思想、抒发情感、刻画形象、传递信息、创造意境、串联故事的作用。

撰写解说词不同于文学创作，这与解说词的特点有关。解说词是对画面信息的有效补充，不能游离于电视画面，与电视画面相互依存。

撰写解说词应注意以下几点：

1.解说词是对画面的有效补充

解说词不是画面信息的简单重复。换言之，画面能够传递的信息，就没有必要写在解说词里。比如："这是个男孩""这是一辆火车""两个人在打架"。解说词可以介绍这个男孩叫什么名字，今年多大年纪等，没有必要介绍"这是个男孩"，是不是"男孩"，一看便知，除非是变性人，而名字、年龄这些信息是画面所无法传递的。

案例4：《故宫》

导演：周兵

上映时间：2005年

获奖情况：第23届（2006年）中国电视金鹰奖最佳长篇纪录片奖

在《故宫》第一集开始，有这样一段解说：

> 公元1403年1月23日，中国农历癸未年的元月一日。这一天，生活在这块土地上的人们，依然延续着自古以来的传统，度过他们一年中最重要的节日——农历元旦。这一年，人们收到的类似今天的贺年卡上，不再有建文的年号了。建文帝四年的统治，在一场史称靖难之变的战争后，成为了往事。

这段解说词没有重复画面的内容，而是介绍时间和“依然延续着”的年俗，以及消失的“建文”年号。

与解说词配合的画面则是最具中国春节特色的一系列景物：烟火、灯笼、红“福”字、寄托愿望的纸条、熙熙攘攘的街道和噼里啪啦的爆竹，这些景物虽然没有出现在解说词中，但渲染了过年的气氛，与解说词形成了内在联系。两者相互依存，彼此印证，同时又避免了信息的简单重复。

2.根据镜头剪辑规律撰写解说词

镜头是影像作品的基本构成单位，镜头组接必须遵循一定的剪辑规律，不能东一榔头西一棒槌地胡乱拼接。声音与画面相互依存，不能割裂，声画两张皮的时代已经一去不复返了。要按照镜头的组接规律撰写解说词，不能信马由缰，自由驰骋。这就是为什么有些写作高手写不好解说词的原因。

案例5：《敦煌》

导演：周兵

上映时间：2010年

获奖情况：第十届（2009年）四川电视节“金熊猫”奖人文类评委特别奖

在《敦煌》第一集中有这样一段解说：

> 敦煌位于亚洲中部，东经93度，北纬40度。它北临蒙古高原，西接新疆塔克拉玛干沙漠，南邻青藏高原，这个位于中国甘肃西部，这个仅有18万人口的小城市，曾经是连接东西方贸易的咽喉要道，丝绸之路上的一颗明珠。1000年前，曾有四条道路从这里通向西方。十几个世纪以来，这里曾经汇集着来自欧洲的货物和文化，来自中亚的语言及文字，来自印度的艺术和宗教；它们在这里与中华文化全面交融。莫高窟藏经洞的文献，被称为人类进入中世纪历史的钥匙。但是，当斯坦因来到时，这个沙洲小县已经被中国人遗忘了。

像《敦煌》这样的纪录片，解说词是非常关键的角色，画面只是配角，承担着说明、印证的作用。但电视是声画并茂的艺术，没有恰当的画面，就很难形成视觉感染力。选择什么样的画面与解说词配合，是创作者必须认真思考的问题。我们不妨做一个假想：给你这样一段解说词，你将选择什么样的画面？比如："印度的艺术和宗教""莫高窟藏经洞的文献"，《敦煌》为什么没有用印度的绘画、寺庙、诵经的和尚、库房中的文献资料与解说词配合呢？

这就是解说词编辑的特点，我们不能一对一地用画面去配合解说词，而是要按照镜头语言去组接画面。第一个镜头是制作出来的，从浩瀚的宇宙凝望地球，并逐渐推近敦煌所处的位置，第二个镜头是阴影中的沙海，第三个镜头是从洞窟观望淹没的古城，第四个镜头是摇拍古城遗址，第五个镜头是莫高窟的九层楼。这样的镜头组接，遵循了由远及近、全景式展现场景的编辑规律，向我们清晰地交代了敦煌的地理环境。

3.口语化风格

影像艺术是稍纵即逝的艺术，看影像作品不像阅读小说那样可以反复地把玩。因此，解说词越通俗易懂，传播效果越好。尽量少用成语、典故、专业术语以及容易产生歧义的词语。

4.重视解说词的音乐性

撰写解说词是为“解说”服务的，其目的是为了“说”和“听”而不是“读”。解说词的节奏、旋律，要与镜头剪辑的节奏和画面风格相吻合。

5.解说词力求精练

解说最忌拖沓冗长，三言两语能交待明白的事，没有必要洋洋洒洒地描摹。解说词写得好不好，主要看是不是说到了点子上，是不是清晰明了。

案例6：《故宫》第二集《盛世的屋脊》

《故宫》第二集有这样一段解说词：

这就是今天我们看到的太和殿。

坐落在8米多高的汉白玉三台上的太和殿是紫禁城的核心，也是紫禁城整体建筑乐章的高潮部分。它的一切设计，都为着一个目的，就是把至高无上的皇权烘托到极致。

太和殿曾经是北京城最高的建筑，从庭院到正脊高36.57米，相当于12层楼房的高度。太和殿也是紫禁城中最大的建筑，面积达2381平方米，相当于半个足球场那么大。它的长宽比例正好是九比五，代表着九五之尊。

太和殿与身后的中和殿、保和殿一起构成前朝的主体，人们习惯称之为“三大殿”。

这个视频段落用了6个镜头，从正面观察太和殿开始，到侧面介绍“三大殿”结束，从整体布局上给我们一个清晰的印象。解说词不多，但传递了很多信息，像台座的高度、正脊的高度、占地面积等。并且，为便于观众理解，用了“12层楼房”和“半个足球场”两个形象的比喻。

解说词与画面的配合较为合理，没有像其他纪录片那样填得满满当当的，而是给观众留足了接受和回味的时间，引领观众对宏大的故宫建筑进行一次美的巡礼。

三、画外音的剪辑

画外音是附着在画面上的，是画面信息的有效补充。一般来说，画面是影视作品的主角，而道白与解说则是配角。这样的主次关系符合影视创作规律，也是观众乐于接受的一种方式。这种“看图说话”的方式，比“说话看图”更有说服力。

画外音的编辑主要遵循以下规律：

1.有机融合，互为补充

画外音与画面的关系是相互依存、互为补充，既不能声画两张皮，也不能简单重复。因此，无论是为画面配解说，还是为解说配画面，都不能简单轻率。

2.疏密有致，恰到好处

画外音不能太满。一方面，要给观众留下足够的时间，用于想象和回味；另一方面，要给音乐、音效、同期声等声音元素留下足够的时间，以便于音效合成时的灵活调度。影像作品的声音是多元的，画外音只是其中的一部分，如果把画外音灌得太满，就会弱化其他声音，或者限制其他声音的使用。

【小结】

在戏曲中，有“念、唱、作、打”四大功法。其中的“念”，又叫“念白”“说白”，是四大功法中最难掌握的。清代戏剧评论家李渔在《闲情偶寄》中说：“吾观梨园之中，擅唱曲者十中必有二三；工说白者，百中仅可一二。”“工说白者”为什么少？原因是“白”在写人、状物、摹声中的细微变化都会影响传播的效果，要想拿捏到位，实在不是件容易的事。比如：京剧中的道白“八年了，别提他了”，说畅快了，八年累积的悲愤就表现不出来；说得太深沉，仇恨一朝得雪的快感又无法释放。要找到适合的表现方式，既需要情感层面的把握，也需要技巧上的拿捏。曲艺界有“千斤白，四两唱”的说法，用“千斤”来比喻“白”，可见“白”的重要性。

影视剧创作中的道白跟曲艺中的“白”作用是一样的，其魅力不仅在于语义本身，还包括音质、音色、音高、节奏、旋律等诸多元素。用好道白，是提升作品艺术感染力的重要途径。

解说作为影像作品的重要组成部分，可以有效地补充画面所不能传递的信息，在创作中的作用同样不可小觑。学会撰写解说词，并科学合理地进行编辑，是考量影像编辑的一项基本功。

第三节　音乐

音乐是声音编辑的重要内容，正如小提琴演奏大师耶胡迪·梅纽因所说："音乐从混乱中创造秩序，因为节奏可以使分歧变为一致，旋律可以使断裂变为连续，和声可以使不和谐变为和谐。"

音乐与电影的结合早在电影幼稚阶段就开始了。当时虽然只是伴奏，却为哑巴电影增添了不少色彩。并且，为电影配乐的多为知名作曲家，像《一个国家的诞生》《战舰波将金号》等，为电影配乐的作曲家代表了当时音乐创作的最高水平。

随着电影艺术的发展，音乐与电影的结合越来越密切，作曲家往往在电影拍摄伊始就参与进来，研究剧本，参与创作，与导演进行反复的沟通交流，以确定音乐的基调和结构。音乐不再是电影的陪衬，而是电影不可缺少的部分，在渲染气氛、抒发情感、塑造形象方面发挥着越来越重要的作用。

音乐与电视的结合是从电影创作传统中沿袭下来的，与电影音乐不同的是，除了个别重大选题，大多数电视节目的音乐是选择出来的，不需要创作。编导或者音响师根据节目内容和要表现的情绪，从音乐资料库中甄选适合的片段，合成到电视节目的音轨中。

音乐在影像作品中的运用，除了音乐剧和个别短片，一般不会铺满整个节目，也不可能使用一支曲子，而是适时地、有选择地运用，呈现出不连贯和碎片化的样态。有时候，音乐只是铺垫和陪衬；有时候，音乐会喧宾夺主，走上前台，成为主导剧情的角色。

影像作品中的音乐，可分为有声源音乐和无声源音乐两大类。

一、有声源音乐

所谓"有声源音乐"，是指画面内发出的音乐，如来自画面内部的乐器演奏或者电视机、电脑或录音机、扩音器发出的乐声等等。它与无声源音乐，即画外音乐，可以相互转换。如演员演奏的音乐可作为伏笔在之后的片段中重现，形成声音上的呼应。有声源音乐属于影像创作中的"声音"范畴，运用得恰当与否，体现着影像创作者的艺术功力。一方面，要善于寻找有代表性的有声源音乐，更好地营造氛围；另一方面，要处理好有声源音乐与场景的关系，做到情景交融，更好地表情达意。

（一）寻找有代表性的“有声源音乐”

不善于运用现场声，是中国纪录片经常被外国专家诟病的地方，更遑论有声源音乐的使用。要用好有声源音乐，首先要有使用有声源音乐的意识，善于从众多的音乐素材中，选出有代表性的音乐内容。因为每个地方都有独特的音乐题材和风格。以山东为例，我们到鲁西南地区，随处都可以听到扩音器里播放的豫剧；而到了鲁北，听得最多的则是吕剧。这些剧种都有深厚的历史积淀和广泛的群众基础。影像创作者应善于发现这些独具特色的音乐素材，并有机地融进片子中去。

案例1：《舌尖上的中国》

导演：陈晓卿

上映时间：2012年

《舌尖上的中国》是2012年度的纪录片精品力作，除了唯美的画面给人以视觉冲击外，其音效也给观众带来听觉上的享受。创作团队特别注意运用现场音乐来增强地域色彩和人文氛围。譬如：在第一集《自然的馈赠》中，在查干湖渔民举办的祭鱼、祭湖的仪式上，女声演唱的歌曲就很有地域特色。

在第二集《主食的故事》中，绥德黄国盛在打谷场上的哼唱，给节目赋予了一股浓郁的黄土高原的气息。

介绍西安面食时，一段极富韵味的说唱，再配上当地几种诱人的面食画面，让面食有了声音的标识。介绍陕西省岐山县过寿吃面时，先是秦腔演出，再展开臊子面流水席。似乎缺少这咿呀铿锵的秦腔，吃臊子面就没了味道。

在第三集《转化的灵感》中，介绍绍兴黄酒时，绍兴一户人家的录音机里正在播放地方戏曲。在第七集《我们的田野》中，贵州下绕村摆长街宴时，伴有壮

族人的合唱，等等。

这些现场音乐一般是当地的戏曲、民歌和民谣，代表着不同地域、不同民族的文化基因。并且，这些声音多为现场录制，原汁原味，既符合纪录片“记录现实”的创作规律，又给各地美食赋予了浓郁的地域色彩和文化气息，让各地美食不单有了“色”，还有了独特的“声”。

案例2：《甲午风云》

导演：林农

上映时间：1962年

在影片中，海军将领邓世昌坚决要求对日作战，却遭到朝廷的拒绝。并且，因为揭露方伯谦而被摘去顶戴花翎。回到军营之后，邓世昌一言不发，他把心中的委屈、愤懑融化到《满江红》的洞箫声中。之后，又弹起琵琶曲——《十面埋伏》。两个曲子把邓世昌杀敌心切却报国无门的内心感受，酣畅淋漓地宣泄出来。

以下是该段落的部分截图：

《十面埋伏》是中国十大古典名曲之一，乐曲描写了公元前202年楚汉两军在垓下决战的情景。汉军用十面埋伏的阵法击败楚军，项羽自刎于乌江。在《四照堂集》中，曾这样描述琵琶演奏时的情景：“当其两军决战时，声动天地，屋瓦若飞坠。徐而察之，有金鼓声、箭弩声、人马声……使闻者始而奋，继而恐，涕泣无从也。其感人如此。”

《甲午风云》选择琵琶曲《十面埋伏》是颇有深意的。只见，邓世昌弹拨琵琶的节奏越来越快，表情也越来越凝重，一幕幕海战的场面映上心头。最后，琴弦断裂，琴声戛然而止。这样的动静处理，将现场的情绪推向了高潮。

案例3：《钢琴家》

导演：罗曼·波兰斯基

上映时间：2002年

获奖情况：第75届（2003年）奥斯卡奖最佳导演、最佳男主角、最佳改编剧本奖有声源音乐在音乐题材的电影中作用更为突出。波兰导演罗曼·波兰斯基执导的《钢琴家》就是一个典型案例。在这部长达150分钟的电影里，弹钢琴的场景出现了多次，每一次都给观众留下深刻印象。

第一次出现在影片开头，先是城市的一组街景，紧接着是27岁的钢琴家斯皮尔曼在波兰电台演播室弹奏肖邦的《升c小调夜曲》。此时，德军的炮弹击中了电台，战争的硝烟瞬间打破了往昔的宁静。在这个段落中，如果没有后面的镜头，观众会认为开始的音乐是无声源音乐，直到镜头中出现斯皮尔曼的演奏，才知道音乐是有声源音乐。

第二次是斯皮尔曼在藏身的公寓对着钢琴空弹，安排他住下的朋友警告过他，不能有任何动静，否则会招来杀身之祸。朋友走后，斯皮尔曼望着墙角的钢琴，情不自禁地掀开了琴盖。此时，肖邦的《第一叙事曲》以背景音乐的形式响了起来，斯皮尔曼并没有忘记朋友的告诫，他只能在琴键的上方空弹，娴熟的动作与欢快的背景音乐呼应，表达了斯皮尔曼对于和平的无限向往。

第三次弹奏，出现在故事的高潮部分。德军败退前夕，衣衫褴褛的斯皮尔曼在纳粹军官的监视下，踉跄着坐到琴凳上，弹奏起贝多芬的《月光奏鸣曲》。此时，钢琴成了斯皮尔曼倾诉的工具，所有的悲伤、痛苦，幻化成一个个音符，在琴声中播散开来。

最后一次出现在片子的结尾部分，斯皮尔曼重新回到电台录音室，《升C小调夜曲》再次响起，舒缓的音符有如泉水一般，流进人们的心田。

有声源音乐在《钢琴家》中，既是导演罗曼·波兰斯基结构全片的手段，又是电影主角表达情感的重要渠道。钢琴曲的选用也很讲究，第一首是肖邦的《升C小调夜曲》，充满了忧郁和无奈。面对战争，斯皮尔曼除了弹琴还能做些什么呢？第二首是肖邦的《第一叙事曲》，充满了欢快和愉悦，用以衬托斯皮尔曼对和平的向往。第三首是贝多芬的《月光奏鸣曲》，基调低沉而富有内涵，借以表达斯皮尔曼心中的五味杂陈。

影片中多次出现的钢琴演奏，在纳粹血腥杀戮的背景下，更能让观众从音乐中体味生命的苦难与顽强。导演罗曼·波兰斯基说："《钢琴家》昭示了一种音乐的力量，爱的力量，以及反抗一切罪恶的勇气。"钢琴家的扮演者亚德里安·布罗迪说:“我想接近那些苦难的人们,这是一个永不屈服的民族,这个角色是我生命的里程碑。”他也借由该片的精彩演绎,获得了第75届奥斯卡影帝称号。

(二)“有声源音乐”与场景的情景交融

有声源音乐在电影、电视中的运用是技术进步的产物。在“哑巴”电影(无声电影)时代,音乐只能以伴奏的形式出现。尽管当时的配乐大都出自名师之手,代表了音乐创作的最高水平,如《一个国家的诞生》《战舰波将金号》等,但音乐没法摆脱陪衬的地位。

随着技术的进步,音乐与影像作品的结合越来越密切,作曲家往往在影片创作伊始便参与进来,研究剧本,设计声音,与导演进行反复的沟通交流,以确定音乐的基调和结构。音乐不再是画面的陪衬,而是影像作品不可缺少的部分,在渲染气氛、抒发情感、塑造形象方面发挥着越来越重要的作用。尤其是与场景息息相关的“有声源音乐”,在营造氛围和宣泄情绪方面,比“无声源音乐”更直接、更真实、更容易得到观众的认同。

在具体操作层面,有声源音乐与场景之间在表情达意方面,又呈现出音画协调和音画不协调两种状态。

1.音画协调

音画协调,即音乐的风格与场景的氛围十分吻合,这是有声源音乐最常见的呈现方式,比如上面讲到的《甲午风云》。

2.音画不协调

音画不协调,是有声源音乐在影片中的另一种表现形式,利用音乐与场景的不匹配、不和谐,制造视听觉反差,从而达到精神层面的认同和共鸣。史蒂芬·斯皮尔伯格执导的《辛德勒名单》就是一个比较典型的案例。

案例4:《辛德勒名单》

导演:史蒂芬·斯皮尔伯格

上映时间:1993年

获奖情况:第66届(1994年)奥斯卡金像奖最佳影片、最佳导演、最佳摄影、最佳剪辑、最佳音乐等七项大奖

由澳大利亚托马斯·科内雅雷斯的小说改编而成的《辛德勒名单》,真实地再现了德国企业家奥斯卡·辛德勒在第二次世界大战期间保护1100余名犹太人免遭法西斯杀害的一段往事。导演史蒂芬·斯皮尔伯格为保证影片质量,

力邀著名作曲家约翰·威廉姆斯为其配乐。约翰·威廉姆斯曾经为《侏罗纪公园》《星球大战》《拯救大兵瑞恩》等影片配乐，多次获得奥斯卡奖、格莱美奖和金球奖。

约翰· 威廉姆斯为《辛德勒名单》进行“声音设计”的时候，还特意设计了几个有声源音乐段落。第一段有声源音乐出现在影片的开始部分。当一场决定命运的体检即将开始的时候，镜头中出现了一台留声机，纳粹士兵将一张唱片放了进去，伴随着音乐舒缓优美的旋律，映入眼帘的却是纳粹士兵的暴行。身强力壮的人才能活下去，体弱多病的人将被“处理”掉。

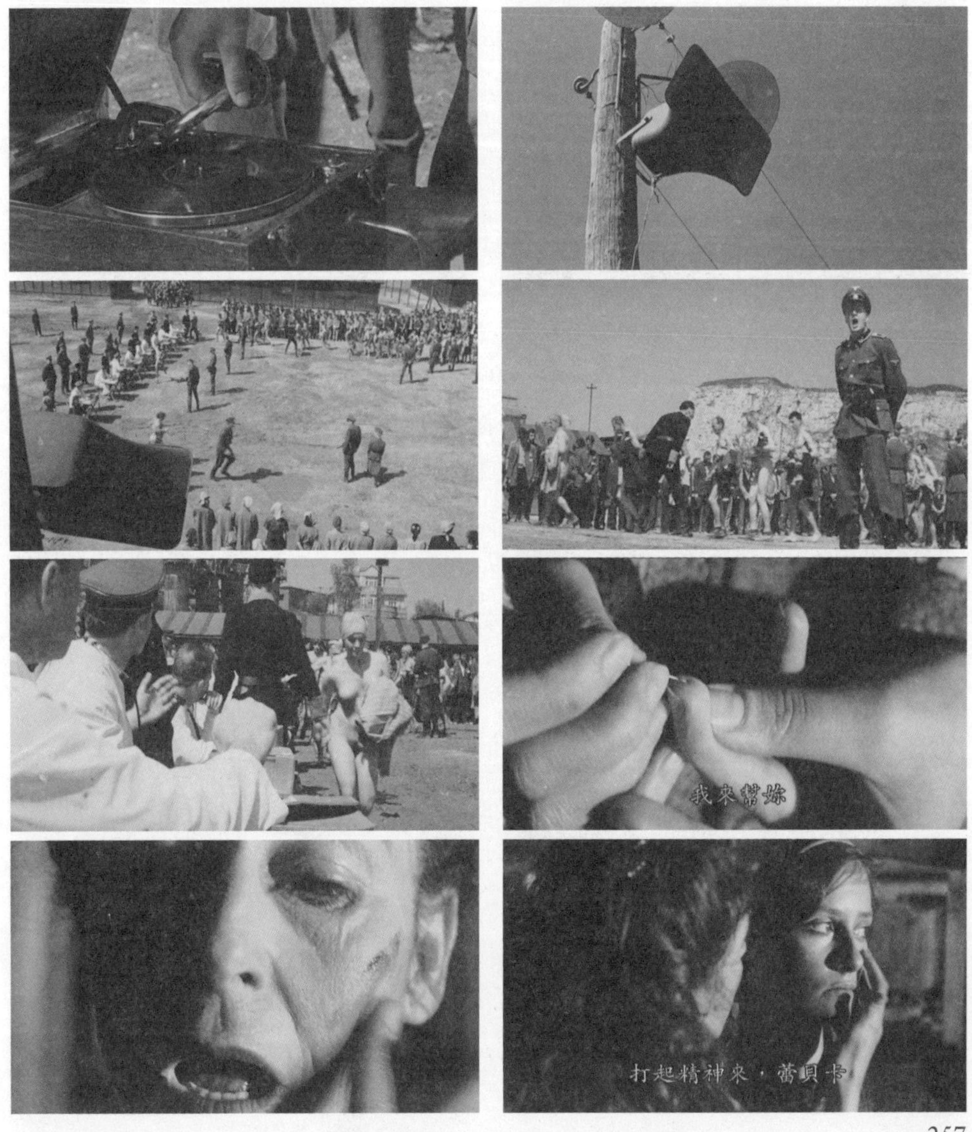

第一个镜头，从留声机摇到木桩上悬挂的扩音喇叭，舒缓的音乐在广场上空回荡。第二个镜头，以喇叭为前景，俯拍广场上的人群。纳粹士兵像赶牲口一样驱赶着赤身裸体的犹太人，人的尊严在这里荡然无存。此时，牢房内的女人们为了躲开被“处理”的厄运，刺破手指，用鲜血染红嘴唇和脸庞，好让自己看起来更健康。集中营里的健康检查变成了残酷的生死判决，纳粹士兵粗暴的叫喊声、犹太人赤身露体的尴尬表情，与回荡在广场上空的舒缓音乐交织在一起，视觉与听觉的巨大反差，让观众对法西斯暴行更加痛恨。

对影视作品来说，有声源音乐的最大特点是：现场感强，表意指向性鲜明。本来，音乐属于最抽象的艺术门类之一，在表意上有不确定的特点，只能靠旋律、节奏、调式、和声、复调、曲式等音乐语言作用于人的听觉，但有声源音乐由于有剧情的配合、人物表情的衬托以及环境的展示，在表情达意方面有了可资借鉴的意象，可以传达出较为明晰的意义和情感，对营造氛围、推进剧情发挥着重要作用。

二、无声源音乐

无声源音乐，顾名思义就是非画面内的音乐，大多以主题曲、插曲、片尾曲和配乐（背景音乐）的方式存在。主题曲填词后又称“主题歌”，主题曲是整部影像作品的基调,如电影《泰坦尼克号》的主题曲*My Heart Will Go On*(中文译作《我心永恒》或《爱无止境》)、《城南旧事》的主题曲《送别》等。插曲则是为了配合剧情或为了表现民族特征、地域特征、时代特征而插入的相对独立的音乐片段,如电视剧《笑傲江湖》的插曲《觉悟》《八千湘女上天山》的插曲《在那遥远的地方》等。配乐或称背景音乐,是作曲家专门为影像作品添加的音乐,配乐具有抒发情感、渲染气氛、推动剧情、塑造人物等多重作用。

1.主题曲或主题歌

主题曲是声音创作的核心内容,关乎作品的成败。好的影视作品往往在主题曲创作上有优异的表现。一首首感人肺腑的主题曲,穿越时空,撩拨心弦,长久地萦绕在人们的记忆里。

案例5:《泰坦尼克号》

导演:詹姆斯·卡梅隆

上映时间:1997年

获奖情况:第70届(1998年)奥斯卡金像奖最佳影片、最佳导演、最佳音效、最佳摄影等11项大奖

《泰坦尼克号》这部曾经在1998年轰动中国的经典大片在2012年以3D形式卷土重来,在内地创下9.3亿的票房收入,成为内地电影市场总票房历史上第三卖座的引进片,仅次于《阿凡达》和《变形金刚3》。这样惊人的成绩也间接使《泰坦尼克号》主题曲《我心永恒》在中国爆红,高晓松甚至笑言:“你看现在KTV里点唱率最高的英文歌,除了《Happy Birthday》就是这首《我心永恒》了。”

1998年奥斯卡最佳影片《泰坦尼克号》在中国取得了意想不到的票房,主题曲《我心永恒》也伴随着影片的热映而广为传唱。该曲由韦尔·杰宁斯作词,詹姆斯·霍纳作曲, 席琳·迪翁演唱,荣获第70届奥斯卡最佳电影歌曲奖。

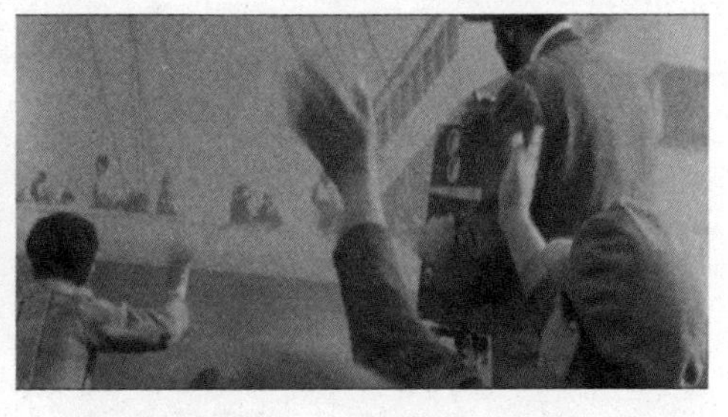

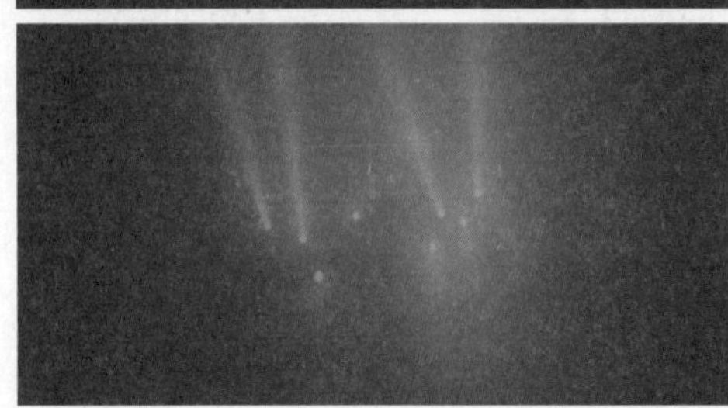

主题曲歌词：

每一个夜晚
在我的梦里
我看见你
我感觉到你
我懂得你的心……
跨越我们心灵的空间
你向我显现你的来临
无论你如何远离我
我相信我的心已相随
你再次敲开我的心扉
你融入我的心灵
我心与你同
与你相随
一次刻骨铭心的爱
让我们终生铭记在心
不愿失去
直到永远
爱就是当我爱着你时的感觉
我牢牢把握住那真实的一刻
在我的生命里
爱无止境 ……
无论你离我多么遥远
我相信我心同往
你敲开我的心扉
你融入我的心灵
我心与你同往
我心与你相依
爱与我是那样的靠近

《泰坦尼克号》的片头曲即是该片的主题曲，深情的女声哼唱，低回的旋律，再配上怀旧的影调、依依惜别的场景、深沉的大海以及神秘的海底探测器，为影片涂抹上了一层神秘、深邃的底色，营造出遥远、空灵、缠绵的氛围，将人们的思绪带入那个发生在大海上的久远的故事。

《泰坦尼克号》的主题曲在片中多次出现，而给人留下深刻印象的当属片尾的梦境段落。经历了生离死别的海难，经历了泰坦尼克号的重见天日，经历了恍如梦境的往事追忆，观众对主题曲《我心永恒》有了更深层次的感动。

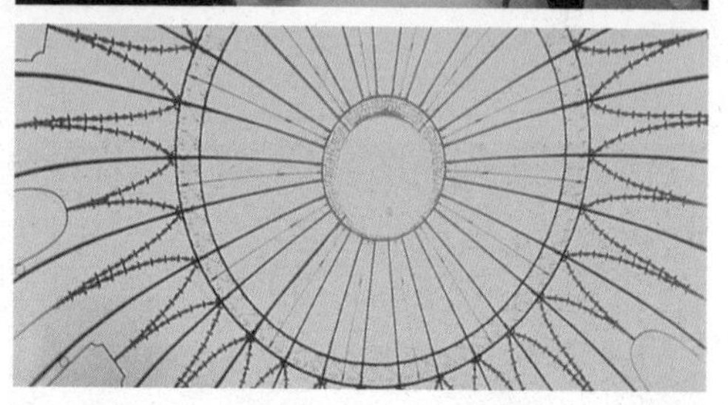

在片尾，配合着低回的旋律，镜头缓缓移动，先是一组旧照，之后进入海底沉船，回到曾经的豪华大厅，在众人的目光中，两个人紧紧地拥抱在一起。此时，主题曲如泣如诉，款款深情感染着每一个观众。

案例6：《城南旧事》

导演：吴贻弓

上映时间：1982年

获奖情况：第三届（1983年）中国电影金鸡奖最佳导演、最佳女配角和最佳音乐奖

1982年上映的电影《城南旧事》采用20世纪二三十年代的流行曲调《送别》作为主题曲，给影片赋予了一种温婉、怀旧、低回、缠绵的氛围。《送别》由一代大师李叔同填词创作，曲调则源自于美国约翰·P·奥德威作曲的《梦见家和母亲》。作曲家吕其明在为这部电影谱写音乐时，将《送别》的旋律贯穿于整部片子之中，先后出现了8次。

> 长亭外，古道边，芳草碧连天。晚风拂柳笛声残，夕阳山外山。天之涯，地之角，知交半零落。一觚浊酒尽余欢，今宵别梦寒。长亭外，古道边，芳草碧连天。晚风拂柳笛声残，夕阳山外山 。

《送别》具有浓郁的地域特色和时代气息，李叔同的词再配上温婉低回的曲，让人不自觉地沉侵在离别的伤感之中。尤其是影片的最后，小英子与宋妈在墓地分别一场戏，没有一句台词，完全用曲子串联依依惜别的画面，金黄的树叶、枯黄的野草、淡淡的雾气、远离的背影，浓浓的离情别绪，伴随着萧瑟的秋风和落叶在空气中弥漫。很显然，《送别》在渲染气氛、营造氛围方面发挥了重要的作用。

主题曲是影像编辑中使用最多的音乐，是影视作品的基调。以《辛德勒名单》为例，片中至少出现了7次。并且，每一次都会有变化。第一次出现在克拉科夫的犹太人被纳粹赶出家园的段落，人们对未来充满迷茫和焦虑，而主题曲预示着杀戮即将到来。第二次出现在蕾丝·普曼看到母亲被人接到辛德勒工厂，一颗为家人担惊受怕的心终于获得了一丝慰藉。用竖琴演奏的主题曲，少了几分压抑，多了几分明朗，让人们在暗无天日的日子里看到了一点曙光。在纳粹统治下，辛德勒的工厂譬如血雨腥风中的一个孤岛，留给人们一丝丝希望。第三次出现在辛德勒与斯特恩谈论回乡的段落，竖笛婉转、悠扬的乐音，吻合了辛德勒此时的心境。湿润的眼眶传递出不想离去、不忍离去的思绪。第四次出现在一个声音嘈杂的环境中，小提琴高扬的旋律与大提琴的雄浑低吟，奏鸣出一股不可阻挡的力量。在混乱中，给人以希望和信心。主题曲最后一次出现在辛德勒坐车远去的段落，辛德勒不惜一切代价去拯救犹太人，自己却不得不为了生存而逃亡。此时，主旋律以高调奏响，婉转的乐音肆意挥洒着恋恋不舍的情绪，辛德勒走了，但留给人们的是一份永远的感恩，一份刻骨铭心的回忆。

2.配乐

配乐是影像创作的重要环节，是声音的重要组成部分。对电影、电视剧来说，配乐是一项必不可少的工作。作曲家一般从影片的拍摄阶段就介入，与导演进行深入沟通，根据剧情的发展和场景的需要，设计声音脚本，并为影片创作音乐。除了上面讲到的主题曲外，还有片尾曲、插曲和无处不在的配乐片段。

还是以《辛德勒名单》为例，这部经典电影在配乐上也有可圈可点之处。导演斯皮尔伯格曾深有感触地说："约翰·威廉斯在为这部影片配乐时，选择了简练柔和的旋律。与此相反，在我们过去合作的所有影片中，大多需要一种与画面密切配合的戏剧性效果，比如《印地安纳·琼斯》《大白鲨》《第三类接触》等等。而在《辛德勒名单》中，我们必须找到新的起点，摆脱固有的一些艺术风格。毫无疑问，只有用一束深邃的目光和一颗不平静的心，才能找到配乐的精髓所在……与约翰合作的是举世闻名的小提琴家伊扎克·帕尔曼，他也是犹太人……这次两位巨人的共同奉献，在电影史上又写下了光辉的一页。《辛德勒名单》可以说是我电影生涯中最深刻的一部作品，我感谢他们为这部影片付出的巨大努力。"

作曲家约翰·威廉姆斯吸取了犹太音乐的旋律特点，采用小提琴独奏的方式突出主题。小提琴演奏者是举世闻名的小提琴大师——伊扎克·帕尔曼，作为一名犹太人，他将民族的情感倾注其中。

约翰·威廉姆斯的配乐舍弃了华丽的气魄，只用真挚无华的追思去感受历史的伤痛以及其中蕴含的人性力量。多次出现的忧思、伤痛的小调，营造了凝重、凄凉的听觉氛围，表达了一个民族复杂而沉重的内心世界。

不同于电影配乐，纪录片、专题片一般不采用原创音乐，而是从大量的音乐素材中选择适合的片段为片子配乐。如张以庆的《幼儿园》。其中，反复使用的《茉莉花》就是由青少年宫的孩子们演唱的。张以庆在接受采访时说："《茉莉花》这个音乐很符合片子的情绪，有一点淡淡的忧伤，是我重新录制的。但是非常遗憾，唱得不是很好，没有那种天籁般的声音，当然我还是非常感谢青少年宫合唱团的。一开始我就老在哼这个歌，已经哼了两年了，虽然有几种选择，但是还是觉得《茉莉花》特别吻合。欧洲不是说《茉莉花》是中国的第二国歌吗，我也找不到第二首童声的东西能够搁在这里面了。我可以一年、半年不听音乐，到快剪片子的时候才去听，去找到吻合的东西。其实我不太懂音乐，但是我能把握住怎么把情绪传达给观众。只有这样你才可以让别人和你是共通的，节奏感也是一样的，才能引起共鸣。当然这种情绪的传达，也会有局限，因为人们的感受类型不同，而且感受力跟文化也没有关系。"

无伴奏童声合唱《茉莉花》在整部影片中总共出现了5次，差不多10分钟出现一次。第一次出现是幼儿园开学的那一天，家长离开后。小朋友有的坐着，有的站着，还有的透过门缝望着离去的爸爸妈妈。第一次离开父母的无助和依依不舍，在音乐的衬托下，留给观众更多的感动。第二次出现在孩子们睡觉的时候，没有了白天的哭声和吵闹，孩子们睡得安稳、香甜。此时，音乐像安眠曲，轻轻地抚慰着每一个第一次离家的孩子。第三次出现在一周后家长来接孩子回家的时候，小伙伴都被接走了，只有陈志鹏的妈妈还没有来，急得他在前后两个门之间来回走动。此时，《茉莉花》的旋律吻合了孩子内心的孤单和无助。音乐第四次响起是在孩子们户外活动的时候，平时难得有户外活动，一听说户外活动，孩子们都很高兴。在户外，孩子们你追我赶、欢声笑语地做着游戏，原本有点忧伤的音乐在此时也变得欢快起来。音乐的最后响起是在孩子们照毕业照的时候。镜头着力展现每个孩子的表情，与第一次入学时的表情相成鲜明的对比，创作者用镜头语言诉说着孩子们在幼儿园成长的点点滴滴。

【小结】

音乐是人类的共同语言，其节奏、旋律（又称“曲调”）、和声、力度、速度、调式、曲式、织体、音色等等，能够营造出不同的意境，传递出不同的情感和韵味。著名美学家李泽厚这样描述音乐的美学特征：“音乐反映现实的原则不是摹拟，而是比拟；不是描写，而是表现；不以如实地再现为主，而以概括的表现为主。它主要不在于描绘特定的事物、情景，甚至特定的具体的欢乐悲伤，而在于去表现悲欢等概括的情感世界。”正是因为音乐对现实世界的概括性再现，使它成为超越国界、超越民族、超越语言、超越影像的艺术表现形式，在影像作品中发挥着具足轻重的作用。

我们在欣赏影像作品的时候，每一次剧情的跌宕起伏、每一个惊险场面的呈现，都伴随着不同的音响处理，这种视觉与听觉交互作用的艺术形式，带给人们丰富多彩的审美享受。

第四节　声音合成

音效合成又称“混音”，是影像编辑的重要环节。前三节讲到同期声（环境声、人声）、画外音（道白、解说）、音乐等内容，再加上音效等声音元素，最终要在画面的统领下，有机地融合在一起，构成一部完整的影片。在这一节中，有两个概念需要厘清：一是各种声音之间的有机融合；一是声音与画面之间的有机融合。

需要说明的是，声音合成是一项非常复杂的工作。并且，随着专业化分工越来越细致，每个环节都有巨大的提升空间，都有太多的内容值得表述。本节不想做事无巨细的剖析，只是从影像编辑的角度，给出一个声音合成的基本思路和操作技巧。

一、声画关系

影像的传播主要是通过视觉和听觉来实现的，换言之，眼睛与耳朵是影像传播的重要路径。好的影像作品一定在画面与声音两个方面都有上佳的表现，也就是我们常说的声画并茂。

声音和画面是影像作品的两条腿，两者不存在主次关系。画面以具象的形式给我们呈现两维的视觉空间，而声音则从三维空间带给我们听觉的享受。两者互为补充，相得益彰，共同作用于我们的感官。

1.声画同步

声画同步是声音与画面最基本的关系，反映了影像作品以镜头为最小剪辑单元的特点。如前所述，在前期拍摄阶段，从开机到关机为一个镜头；在后期制作阶段，从入点到出点为一个镜头。在镜头这个基本的单元里面，声音与画面是同步录制的，两者在作品中的同步出现，就是我们所说的声画同步。例如，飞机起飞的镜头，画面呈现的是加速前进的飞机，听觉感受到的是与画面同步的飞机在跑道上发出的声音。再比如，热闹的集市，画面是熙熙攘攘的街道，声音是嘈杂的叫卖声。

声画同步营造出的场景是最真实的，它呈现给观众一个有模有样、有声有色的时空环境，比之其他的声画关系更有感染力，是影像作品中最常见的声画关系，也是观众最乐于接受的表现方式。

2.声画分离

声画分离又称“声画分立”。与声画同步不同，声画分离呈现出不对称、不匹配的状态，这种不协调的声画关系往往给观众带来新的意义，是创作者有意为之的产物。

声音与画面分离，创作者能够利用声音与画面各自的表意功能，引发观众的联想，从而建立一种新的意义。这样的案例，在影视剧中比比皆是。

案例1：《广岛之恋》

导演：阿仑·雷乃

上映时间：1959年

获奖情况：第12届（1959年）戛纳电影节国际评委会大奖

法国女子与日本男人的邂逅，让她想起了20年前与德国士兵的初恋，画面呈现的是日本的场景，画外音讲述的则是她在法国的故事。

3.声音导前

声音导前与文学创作中的“未见其人，先闻其声”有异曲同工之妙。先闻声音，后见画面，给观众留下了悬念。同时，声音也起到了转场的作用。如：先听到轰炸的声音，再看到轰炸的场面；先听到汽车的碰撞声，再看到车祸惨状等等。

4.声音滞后

声音滞后是指画面已经切换，然而与画面同步的声音还没有停止，这样的声音处理方式，能够增强观众对声音的认知度和感染力。

案例2：《大决战之淮海战役》

导演：李俊

上映时间：1991年

获奖情况：第十二届(1992年)金鸡奖最佳故事片奖

片中有这样一个段落，一场大战过后，解放军伤亡惨重，烈士们静静地躺在一间大屋子里，老乡们给阵亡的烈士净身并包裹白布。这时候，撕扯白布的声音具有了丰富的情感内涵，寄托着人们对牺牲者的无尽哀思。创作者为了强化声音的感染力，在画面转换之后，依然保留了撕布的声音，并且声音越来越大。

以下是该段落的截图：

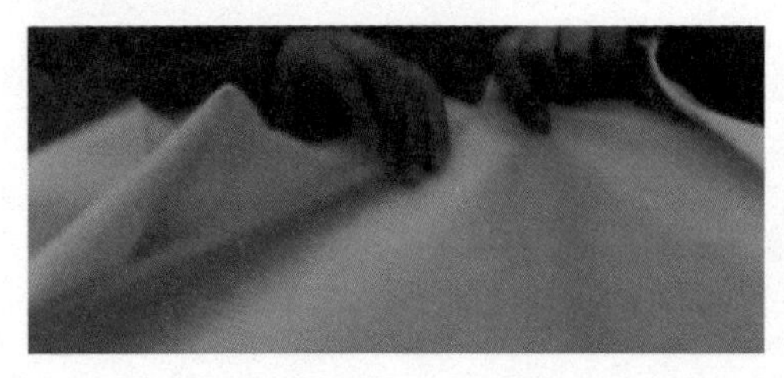

画面中，陈毅、刘伯承表情凝重，他们为战士的牺牲而心痛不已。观众明白，每一次撕扯，就意味着队伍里少了一个可爱的战士。悲伤的表情与扯布的声音相互映衬，像刀子一样切割着大家的心。

声画分离的处理方式，不仅给人们留下了联想的空间，同时，也拓展了影片的时空，观众看到的不仅是画面呈现的空间，还可以通过声音联想到画面以外的空间。

二、声音合成

声音合成是声音编辑的重要环节，前面提到的同期声、解说词、音乐以及音效等，最终要合成在一起，形成一个与画面匹配的声音文件。这个过程，又称为"混音"，是一项非常复杂的工作，不仅需要深厚的艺术修养，还需要有高超的制作技巧和良好的硬件设施。

1.声音调整

调整声音，首先是对音量的调整，音量控制在-8～-12dB，不能过高或过低。其次，可以借助一些声音软件对声音进行处理，让声音听起来更动听。

2.声音切换

切换声音同画面的切入与切出一样，随着镜头的转换而变化。声音切换时要特别注意环境声的协调。在实际操作过程中，尤其是人声的剪辑，当我们重新组织访谈片段的时候，经常会发现环境声的变化，做到声音的顺畅组接是十分必要的。为了协调一致，有些人还特意剪辑一段环境声合成在声音转换的地方。

将各种声音有机地组合在一起，有很多值得借鉴的案例。

案例3：《魔戒首部曲》

导演：彼得·杰克逊

上映时间：2001年

获奖情况：第74届（2002年）奥斯卡金像奖最佳摄影、最佳视觉效果、最佳化妆、最佳原创配乐奖

《魔戒首部曲》片中，弗罗多·巴金斯与甘道夫林在林中相见，这个段落的声音处理得非常巧妙。

以下是该段落的截图：

弗罗多·巴金斯在鸟语花香的林中读书，此时，“鸟鸣山更幽”的环境声中，出现了由远而近的哼唱声，弗罗多·巴金斯循着声音跑去（脚步声），随着镜头的切换，车轮的声音成了主角，之后是弗罗多·巴金斯与甘道夫的对话。在这个段落中，大家还可以听到若隐若现的背景音乐。无论是声音的切换，还是合成，都非常精到。特别是鸟鸣声的使用，对营造氛围发挥了很好的作用。

3.淡入淡出

声音的淡入淡出，又称声音的渐显、渐隐，是声音剪辑最常用的手法，类似于镜头组接中的淡入淡出。所谓“淡入”，是指声音出现后，音量逐渐增强。所谓“淡出”，是指声音结束时音量逐渐减弱。声音转换时的渐隐与渐显，使声音的过渡变得自然顺畅，必要的时候，也可以将上下两段声音进行交叉重叠。

4.声音重叠

在非线性编辑中，可以设置多条声音轨道，将人声、环境声、音乐、音效等各种声音叠加在一起。叠加组合的时候，一定要讲究主次关系，每时每刻，总要有一个声音处在主要的位置，而其他的声音作铺垫或陪衬，绝不能平均用力。

就电视节目而言，多采用CH1声道播出，所有的声音最终合成在一个声道上，观众听到的是CH1声道发出的声音，这样的声音可能因为播放工具的不同而发生变化，但总体的差别不大。

用于国际交流的电视节目，对声道有严格的要求。CH1声道为混合声道，CH2为国际声道。所谓“国际声道”，是指除了解说之外的所有的声音，包括自然声（现场的背景声）、音乐声和效果声等。也有一些更为详细的声道分布，如：CH1为混合声道，CH2为现场声道，CH3为音乐声道，CH4为效果声声道。上述声道的安排，便于引进节目的人更换解说的声音。比如，我们引进美国的节目后，由于有明确的声道分布，能够轻易地将英文解说变成汉语解说，并将汉语解说与原有的现场声、音乐、音效合成到CH1声道上。

同电视节目相比，电影的声音合成要复杂得多。以杜比音效为例，杜比定向逻辑环绕声（Dolby Pro Logic）是美国杜比公司开发的环绕声系统。在录制时，把四个声道的立体声（即左声道L、右声道R、中置声道C、环绕声道S）通过特定的编码手段，合成为LT、RT两个双声道复合信号。重放时，通过解码器将已编码的双声道复合信号LT和RT还原为编码的左、右、中、环绕四个互不干扰的独立信号，经放大后分别输入左音箱、右音箱、中置音箱和环绕音箱。

声音的重叠与画面重叠一样，是指将一个以上的相同或不同内容、不同质感的声音素材叠加在一起。几个声音可以是同时出现的重叠，也可以是上一场景的声音延续与下一场景的声音相叠呈现，或后一场景的声音导前与前一场景的声音重叠。声音重叠的运用不仅丰富了声音的内容，也大大加强了声音力度和影像的立体效果。

案例4：《巴伐利亚梦之旅》

导演：约瑟夫·维尔斯麦尔

上映时间：2012年

片中介绍高科技工业园区的段落，解说、现场声、音乐、效果声等各种声音交织在一起，给人一种玄妙、现代、时尚、明快的听觉享受。

以下是该段落的截图：

在这个段落中，给我们印象最深的是钢花激溅的声音、上螺丝的声音以及机械手转动的声音，而背景音乐则节奏明快，吻合了高科技企业的生产节奏。在转场部分，配合转场特技，使用了特殊的音效，给人以酣畅淋漓的听觉享受。

【小结】

声音合成是影像编辑的重要环节，把各种声音有机地组合在一起并产生感人的力量不是件容易的事，剪辑原理看似简单实则有无穷的变数。有时候，细微的差异，效果就会有天壤之别。编辑人员一定要仔细地参悟其中的奥妙，方能成为个中高手。

后 记

大概在2003年前后，我就有了写这本书的念头，断断续续地写了十年时间，算得上“十年磨一剑”了。彼时，入行不过十年时间，而且是半路出家，既不是业界精英，也算不上理论专家，更多的是无奈和迷茫。一个曾经的大学讲师，一个拥有四年报纸编辑经验的人，为什么在电视节目创作上碌碌无为呢？关键在于专业知识的匮乏。

电视是综合艺术，过往的积淀固然有用，但电视毕竟是一个独立的行当，有其特殊的创作规律，要想成为行家里手，就必须痛下决心，从头做起。一方面，从教科书入手，系统学习专业知识；一方面，搜集国内外经典影片，进行观摩研究。对我来说，写书的过程，就是督促自己学习和思考的过程。通过写作，来检验学习和研究的效果，究竟是一知半解，还是融会贯通。

十年中，我先后担任《乡村季风·海外版》和《活到九十九》的制片人，从独立创作，到“领兵打仗”，对电视创作的感悟逐渐丰富起来。尤其是担任制片人的时候，每天的审片是获得感悟的最好的机会，不管是好的创意，还是不恰当或错误的做法，都会给我以启发。我始终认为，从实战中获取的经验是最宝贵的。

本书体例与常见教材最大的不同，在于该书是从镜头这个基本的编辑单位出发，来研究编辑规律。一个镜头就相当于一个字，两个或三个镜头组成一个词，一组镜头组成一个句子，几个句子组成一个段落，无数个段落，再按照一定的章法组成一部完整的影片。在表述上，本书是按照创作的顺序来进行的。先从章法开始，讲到故事线、时间线、主题线。然后是段落，讲动作段落、对白段落、闪回或闪前段落、蒙太奇段落。从段落再讲到影像编辑的词法，这是本书的重中之重，分别从时间关系和空间关系两个层面，对镜头组接规律进行诠释。最后，讲到了声音这个与画面同等重要的元素，并且把声音分解为同期声、画外音、音乐、声音合成，逐一表述。当然，这样的图书结构，这种不同于常见教科书的表述方式，是否合适，是否科学，还有待于读者的检验和专家的评判。

还有一点需要说明的是，为什么称"影像编辑"，而不是"电视编辑"或"电影编辑"或其他的提法，原因是"影像"所涵盖的面更广。在本书中，我运用了大量的电影案例。作为一个电视工作者为什么对电影情有独钟呢？原因很简单，我认为电影是最精致的影像，无论从创作的角度还是从观赏的角度，都值得我们学习和借鉴。电影是老大哥，电视是小弟弟，小弟弟只有从大哥哥那里不断地获取营养，才能够发展壮大。

我写这本书的初衷是，督促自己成为一名合格的、专业的电视工作者。当然，随着时间的推移，我又有了新的想法和追求，能不能把它写成一本入行指南呢？让后来人少走一些弯路，不要像我一样，在电视圈迷茫了十年之后，才找到前行的方向和路径，倘若能达成这样的心愿，岂不是善事一桩。

最后，我要诚挚地感谢我的妻子。是她的辛勤劳动，让我少了家务的羁绊，多了大把的、可自由支配的业余时间，可以心无旁骛地投入课题研究和写作，才有了持续十年的坚持和这本饱含家的温馨的小书。

刘继锐

2014年5月17日

图书在版编目（CIP）数据

影像编辑实战教程/刘继锐著.--济南：山东大学出版社，2014.6
ISBN 978-7-5607-5071-2

Ⅰ.①影… Ⅱ.①刘… Ⅲ.①图象处理—教材
Ⅳ.①TN911.73

中国版本图书馆CIP数据核字（2014）第145671号

策划编辑：王　潇
责任编辑：武迎新
封面设计：胡大伟

出版发行：山东大学出版社
社　址　山东省济南市山大南路20号
邮　编　250100
电　话　市场部（0531）88364466
经　销：山东省新华书店
印　刷：济南新先锋彩印有限公司印刷
规　格：720毫米×1000毫米　1/16
17.75印张　286千字
版　次：2014年6月第1版
印　次：2014年6月第1次印刷
定　价：39.00元
